骆驼乳与健康

吉日木图　王朝霞　伊　丽
何　静　明　亮　海　勒　编著
乌日晗　绘图

中国农业大学出版社
·北京·

图书在版编目（CIP）数据

骆驼乳与健康 / 吉日木图等编著；乌日晗绘图. —北京：中国农业大学出版社，2016.12（2023.5 重印）

ISBN 978-7-5655-1726-6

Ⅰ.①骆… Ⅱ.①吉…②乌… Ⅲ.①骆驼—乳制品 Ⅳ.①TS252. 59

中国版本图书馆 CIP 数据核字（2016）第 276376 号

书　　名　骆驼乳与健康

作　　者　吉日木图 等编著　乌日晗 绘图

策划编辑　张　程　潘晓丽　　　责任编辑　潘晓丽

封面设计　郑　川　　　责任校对　王晓凤

出版发行　中国农业大学出版社

社　　址　北京市海淀区圆明园西路2号　　　邮政编码　100193

电　　话　发行部 010-62818525，8625　　　读者服务部 010-62732336

　　　　　编辑部 010-62732617，2618　　　出　版　部 010-62733440

网　　址　http://www.cau.edu.cn/caup　　　**E-mail** cbsszs@cau.edu.cn

经　　销　新华书店

印　　刷　北京鑫丰华彩印有限公司

版　　次　2016 年 12 月第 1 版　　2023 年 5 月第 5 次印刷

规　　格　170 mm × 240 mm　16开本　9.25印张　100千字

定　　价　68. 00元

内容简介

CONTENT WALIDITY

《骆驼乳与健康》一书系统地介绍了骆驼乳营养及医疗保健价值，常喝骆驼乳能促进人体健康。本书内容新颖丰富，共分为5部分：骆驼产乳少的原因；骆驼乳天然营养活性成分；骆驼乳的医疗保健作用；骆驼乳对不同人群的调理作用；骆驼乳产品。本书以内蒙古农业大学乳品生物技术与工程教育部重点实验室近15年骆驼基因及骆驼乳基础研究数据为材料，翔实介绍了骆驼乳营养成分高于牛乳，富含高蛋白质、高钙、低饱和脂肪酸，对新生儿无过敏性，丰富的天然活性因子，同时结合肾病、糖尿病等常见病的医疗研究实例，通过大量的科研数据、实物描述和图片展示，全面阐述骆驼乳。本书内容科学严谨而又通俗易懂，不仅面对科研人员，而且能让更多的普通人真正了解骆驼乳，对骆驼乳的普及具有重要意义。

前　言

PREFACE

骆驼在动物界被公认为是“上帝创造的奇迹”，它是一种很奇特的动物，综合了十二生肖某些生理特征：鼠耳，牛脊，虎爪，兔唇，龙颈，蛇眼，马鬃，羊胸，猴峰，鸡凤，狗踵，猪尾，被称为“全兽”。所以有人称骆驼综合了其他动物的优良生命基因，这也决定了骆驼乳具有极高的营养价值。

奶牛是圈养和散养，吃的是饲料和青草，而骆驼的饲养方式是放牧，吃的是沙漠戈壁滩上无污染的盐生草、沙拐枣、骆驼刺、骆绒藜、盐生假木贼、沙蒿等植物，这些植物根系发达，具有很高的药用价值。这也决定了骆驼乳是纯天然多功能绿色有机食品。

联合国粮农组织称，除了富含维生素 C 以外，骆驼乳还含有大量人体所需的活性蛋白质、肽类、不饱和脂肪酸、锌、铁和维生素 B。骆驼乳中蛋白质、脂肪和钙含量均高于牛乳；铁元素含量也是牛乳的 10 倍。骆驼乳不含 β- 乳球蛋白，不会引起过敏，对于喝牛乳过敏的消费者来说，骆驼乳是一种很好的替代品。1 mL 骆驼乳含 45～128 个微单位的胰岛素，而等量牛乳的胰岛素含量仅为 16 个微单位，除此之外，骆驼乳还含有大量类胰岛素。大量的科学证据表明，定期饮用骆驼乳是辅助治疗糖尿病的最适宜方法。以色列和德国进行的比较生理学研究表明，骆驼乳具有明显的抗糖尿病特性。另外，骆驼乳中含有一种不会被胃酸分解破坏的降糖活性物质——类胰岛素蛋白，被认为可能是骆驼乳发挥降糖作用的功效因子之一。综上所述，与牛乳相比，骆驼乳更适合作为老年人和婴幼儿的理想乳品。骆驼乳富含牛乳中缺少的重链抗体、乳铁传递蛋白和溶菌酶，这几种具有杀菌作用的物质可强化人体的免疫系统，科学家认为骆驼乳能够辅助治疗癌症及艾滋病等免疫缺陷疾病。因此骆驼乳堪称沙漠白金，乳中精品。

本书以内蒙古农业大学乳品生物技术与工程教育部重点实验室近 15 年骆驼基因及骆驼乳基础研究数据为材料，结合糖尿病等病的发病现状，以新颖的研究思路和方法，辅以翔实的科研数据、大量的实物描述和图片展示，阐述骆驼乳的功能及其预防和治疗各种疾病的应用前景。

目录

CONTENTS

四、骆驼乳对不同人群的调理作用

一、骆驼产乳量为什么这么少？

（一）关于骆驼可能你还不知道的

按照世界知识产权组织（WIPO）的规定，遗传资源是指具有现实或潜在价值的遗传物质，或称为生物多样性，主要是指基因组资源。我国双峰驼遗传资源主要是 2012 年由内蒙古农业大学吉日木图带领团队完成的世界首例双峰驼全基因组序列图谱的绘制和破译工作，该成果已在《Nature》子刊《Nature Communication》作为封面文章发表。用生物信息的方法绘制家、野骆驼基因组草图，比较完善地从基因水平揭示了双峰驼特殊生物学性状的原因。研究表明，双峰驼的脂类代谢和鸟类的脂类代谢基因的聚类比较近，即两者的脂类代谢可能具有更多的共同点。

针对双峰驼特殊的高血糖，但是胰岛素不敏感类似于Ⅱ型糖尿病的特殊生物学性状进行信号传导通路分析，找到了双峰驼血糖代谢许多重要的基因，这些基因可能对人类糖尿病病因的探索及治疗糖尿病药物的开发起到一定的指导意义。

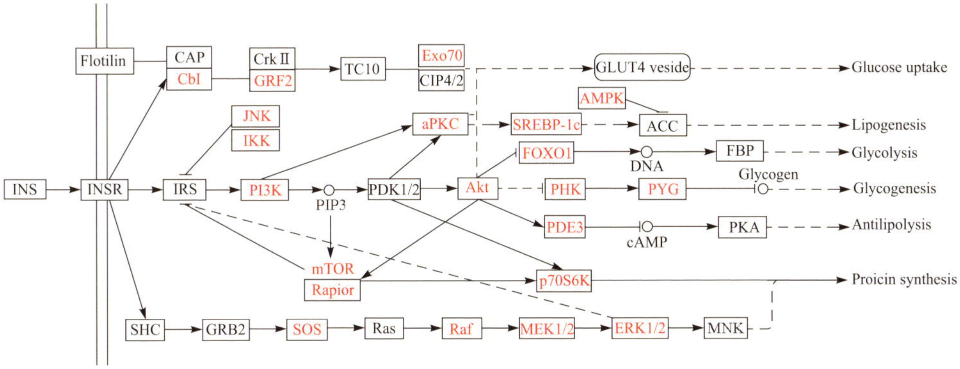

双峰驼Ⅱ型糖尿病的代谢和胰岛素信号传导通路图

（双峰驼Ⅱ型糖尿病的代谢和胰岛素信号传导通路中共有 25 个净化选择的基因，参与血糖调节。）

1. 骆驼具有耐热、耐饥、耐渴的特性

荒漠和半荒漠地区全年气候变化剧烈，夏季中午温度为 37～42℃时，沙面温度可达 65～75℃，牛、马、羊等家畜无法生存，而骆驼可以适应地面高温。

骆驼峰和腹腔内沉积脂肪，一般可达 80～160 kg，使它们在长时间缺少食物的情况下能够存活下来。骆驼代谢水平较其他家畜低，在静止状态时，骆驼每小时所消耗的能量仅为马的 62%，在荒漠中驮载 100 kg，行走 1 km 所消耗的能量仅为马的 1/3。

骆驼耐渴力极强，3～5 天不喝水仍然可以照常使役，而且失水分达体重的 30%～40% 尚无生命危险。骆驼 1 次饮水量最多可达 50～80 L，足够 3 天体内代谢的需要。骆驼汗腺控制发达和肾功能强大等生理特征也使骆驼节省了大量的水分，增加其耐渴能力。

2. 骆驼具有嗅觉灵敏的特性

骆驼在顺风的条件下可嗅到数千米甚至几十千米以外的气味，判断出一百千米外的水源。因为沙漠中的植被比较单一，我国最大的沙漠塔克拉玛干沙漠仅有73种植物，骆驼需要分辨的气味并不多，所以其嗅觉受体偏少，但是正因为如此，骆驼分辨每一种气味的能力反而被加强了，所以骆驼的嗅觉灵敏度很高。

3. 骆驼具有解毒能力的特性

骆驼可以采食一种叫狼毒草的植物，而其他动物吃这种食物会导致中毒。骆驼嗜盐，所吃的盐类大约是牛和羊的8倍。

4. 骆驼具有调节体温能力的特性

骆驼在充足饮水的条件下，体温为36～38℃；在缺水的条件下，体温的昼夜波动可达7℃，为34～41℃。

（二）关于骆驼乳可能你还不知道的

1. 骆驼乳在国外

骆驼乳对于许多人来说较为陌生，但在许多国家已被视为一种不可替代的营养品。1968 年 Sukhov S. V. 等报道了在非洲北部和东部的一些国家，人们经常建议身体虚弱的人饮用骆驼乳，以增强身体的抵抗力，并用骆驼乳治疗一些炎症和炎性伤口的病例。在阿拉伯骆驼乳已经是一种广为饮用的食品；在俄罗斯、哈萨克斯坦，医生将其当成一种处方推荐给身体虚弱的病人；在印度，骆驼乳被用来治疗水肿、

黄疸、脾脏疾病、肺结核、哮喘、贫血和痔疮；在非洲，人们经常建议艾滋病人饮用骆驼乳，以增强身体的抵抗力；在海湾阿拉伯国家，人们认为骆驼乳具有滋阴壮阳的作用。肯尼亚一家骆驼乳制品公司正在同医学研究所合作，探讨骆驼乳在防治糖尿病和冠心病上所起的作用。粮农组织奶制品专家安东尼·贝尼特介绍说，牧民在穿越沙漠和荒芜的草原时，骆驼乳通常是他们唯一的液体给养。骆驼艰难的生长环境赋予了它在哺育下一代的乳汁中含有令人称羡的丰富营养。

2. 骆驼乳在国内

在我国古代，骆驼乳是皇室贵族的独家供品。骆驼乳在元代就被列入“八珍”，《饮膳正要》记载：“骆驼乳，性温，味甘，补中益气，壮筋骨，令人不饥。”《本草纲目》记载：“骆驼乳，冷，无毒。补中益气，壮筋骨，令人不饥。”《维吾尔常用药材》记载：“骆驼乳，性味甘醇、无黏胶感、属微辛，大补益气，补五脏七损，强壮筋骨，填精髓，耐饥饿，止消渴。”现代药理学研究表明，骆驼乳具有抗氧化、保肝、抗炎、抗菌等作用，还可用于治疗肺结核、女性疾病，辅助治疗癌症、糖尿病，预防儿童佝偻病等。近些年，研究人员还发现骆驼乳有延缓慢性肾功能衰竭恶化、降低血糖和预防糖尿病的作用。此外，骆驼乳还是一种无毒无害的天然美容产品原料，特别是其中的保水蛋白、免疫球蛋白等功能蛋白受到化妆品行业的青睐。

（三）骆驼产乳少的原因

1. 骆驼的产乳性能

目前世界上约有 2 400 万峰骆驼，其中 200 万为双峰驼，2 200 万为单峰驼。单峰驼产乳量高于双峰驼，骆驼乳是养驼区重要的食品来源。尤其是干旱地区的牧民，因为没有其他动物可以产乳，所以驯化骆驼加强，与骆驼接触多、应急降低，产乳提高，人们的生存完全依靠骆驼乳。

一般情况，一头奶牛平均每天的产乳量是 30 kg，而一峰双峰驼产乳量仅为 1.5～2.0 kg，通常有 1 kg 被人类所用，其余为驼羔所食。尽管骆驼日产乳量比起牛乳大相径庭，但是体型大小与小牛犊差不多的驼羔却并没有营养不良，这充分说明骆驼乳中富含足够让幼驼生长所需的精华营养。

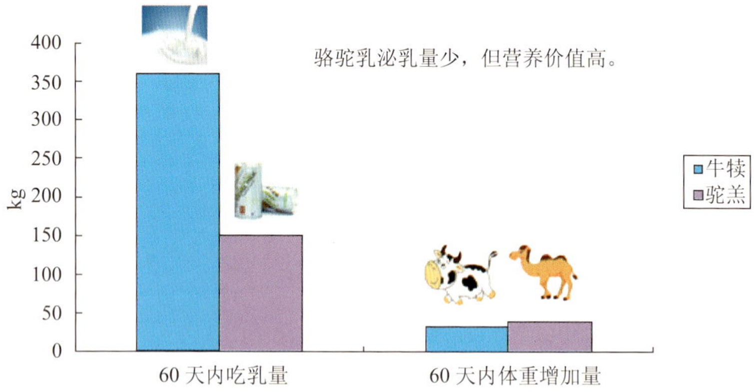

骆驼乳房分为前区和后区（1/4）左右两半，每个 1/4 区均由两个乳腺组成。骆驼乳房没有续奶结构，都是反射性的分泌。排乳特点为细流型，即奶不是一次可挤完，而是 2 次或 3 次，每个乳头分泌 2 股或 3 股奶。牛乳在乳房里，骆驼乳在身体里，而且必须嗅到幼驼气味才会分泌乳汁，持续只有几十秒。在牧场应让驼羔接近母驼，排乳量的潜伏期为 26～86 s，平均 52 s。此后乳头的容量增大，每个乳头开始分泌 2 股奶，而有的则分泌 3 股奶，即在 25～90 s 内分泌 0.6～1.2 kg 奶，然后出现排乳间隔（25 s）。即使是同一骆驼，在不同时间这一间隔也是不同的。在间隔时间内继续挤奶，则长达约一分钟的第 2 次泌乳开始，排乳 0.8～1.5 kg。在间隔不长时间后，发现一些骆驼第 3 次排乳，其时间为 10～30 s，排乳 0.3～0.8 kg。

骆驼即使四五天不进食不饮水，仍然不会影响它的产奶量以及乳汁营养。产乳量高的骆驼乳静脉十分发达。乳房的大小和形状在一定程度上能反映其产乳能力。与其他动物一样，骆驼能够在其消化道中保留大约占体重 1/3 的液体，因此，只要能从消化道获得足够的液体，它就能泌乳。但牛禁水一段时间后泌乳就会停止，其主要原因是用来泌乳的水分贮备主要被用作机体的冷却系统。但骆驼则能将该水分贮备用来泌乳。因此，骆驼在不饮水的情况下，仍然可以泌乳，可以维持 10 天左右，但如果饲喂多汁的饲料，即使禁水，骆驼也能在较长时间内产乳且骆驼泌乳期比奶牛长。

2. 影响骆驼产乳的因素

(1) 品种

单峰驼的泌乳能力高于双峰驼和杂种驼，目前世界上高产乳用驼主要有 Marecha 驼（巴基斯坦）、Al-Majahim Al-Arabia 驼，也称为 Al-Njdeiah 驼（沙特阿拉伯）、Sirtawi 驼（利比亚）、Fakhreya 驼（利比亚）、Arvana 驼（土库曼斯坦、乌兹别克斯坦、哈萨克斯坦、阿富汗及伊朗）。Sawaya 等研究调查发现，在巴基斯坦，骆驼乳日均产量为 3.5～35 kg，整个泌乳期的产乳量可达 4 575～20 675 kg。双峰驼的泌

乳期长达 14～17 个月，日平均产乳量为 1.5～2.0 kg，整个泌乳期的产乳量可达 1 000 kg 左右。哈萨克斯坦的单峰驼平均日产乳量为 7.5 kg，泌乳期为 16～17 个月，整个泌乳期的产乳量可达 3 300 kg。

（2）挤奶频率

每日挤乳次数也会影响日产乳量。一般是每日挤乳 2 次，当每日挤乳次数由 2 次变为 4 次，每次挤乳量可以由 1.0 kg 增加到 1.5～2.0 kg。可见，一天多次挤乳有助于增加产乳量。

在非洲之角挤骆驼乳不仅是一种工作，而且是地方文化不可缺少的一部分，只有孩子、处女或经过宗教礼仪的男子才有资格挤骆驼乳，骆驼乳在新鲜或刚变酸时食用，在某些部落的牧童仅靠骆驼乳生存。他们将两个乳头的奶供给驼羔，另两个乳头用树皮纤维捆扎起来留作食用。初乳不作食用，留给驼羔吃。每日挤奶两次，挤奶时间为黎明和夜晚。

(3) 营养条件

营养条件也会影响骆驼乳的产量，像紫花苜蓿、甘蓝这样的绿叶草料能极大地增加骆驼乳的产量。据 Yasin 和 Wahid 报道，在良好的营养条件下，单峰驼日均产乳 9～14 kg，泌乳期为 16～18 个月，泌乳期可产乳 2 722～3 629 kg；在沙漠的条件下，泌乳期为 9 个月，泌乳量是 1 134～1 588 kg。在埃及，当饲料充沛时，骆驼日产乳量可达 10～15 kg，整个泌乳期可产乳 3 000～4 000 kg。在哈萨克斯坦一些地区，当饲料充沛时，骆驼日均产乳量 10 kg，有些骆驼的日产乳量可以高达 15 kg；而在一些饲料不足的地区，骆驼日均产乳 5 kg。因此，只要适当补充草料，特别是青绿饲料，骆驼的产乳量可大大提高。

(4) 有无幼驼

有无幼驼也会影响骆驼的产乳量。有研究报道，幼驼在断乳期后死亡的产乳驼比幼驼在断乳期前死亡的产乳驼的日产乳量高 65%，整个泌乳期的产乳量是其 2.9 倍。

驼羔的吮乳刺激是产奶过程不可缺少的因素。母骆驼只有闻到待哺小骆驼的特殊气味才会分泌乳汁。驼羔死后如不对母驼进行刺激，产奶就会停止，故需养育一峰顶替驼羔，以使母驼继续泌乳。顶替驼羔的训练有 3 种方法：使顶替驼羔披上被顶替驼羔的皮，并让其吮吸母驼的奶；用一条绳子一头拴系驼羔，另一头系在母驼的鼻棍

上，使之亲和而授乳；用特制的压板挤压母驼的鼻子，当鼻部麻木失去痛感时，让驼羔吮吸母骆驼乳头。

(5) 泌乳期

双峰驼泌乳期为14～17个月，单峰驼为9～18个月，肯尼亚的某些地区甚至长达22个月。泌乳期18个月的骆驼，在泌乳期前7个月产奶量最高。草好季节产奶多，天寒雪大产奶少。妊娠6个月后，产奶量开始下降。

(6) 气候

骆驼的产奶量受季节影响。在雨季之后的冬季，温暖干燥的夏季和炎热的夏季日产奶量显著升高。骆驼乳中的脂肪和蛋白质含量在炎热干燥的夏季最高，而在雨季乳糖含量较高。这与骆驼母性有关，由驼羔的需求所定。

3. 影响骆驼乳质量的因素

骆驼乳的化学成分受品种、年龄、泌乳阶段、产乳量、气候、放牧草地质量、饮水、使役、管理、疾病等多种因素影响。下面主要从饮水、泌乳阶段、季节等几个方面对影响骆驼乳质量的因素进行分析。

(1) 饮水

水分是影响骆驼乳化学组成的重要因素，当骆驼饮水量充足时乳中水分含量为84%～86%，当饮水受到限制时乳中水分含量为91%。当测定只缺乏饮水，全年日粮保持不变对骆驼乳的影响时，发现骆驼乳中水分含量的变化较大。这是饮水对骆驼乳中水分含量的影响。还有些报道指出，饮水的多少直接影响乳的成分，如脂肪、蛋白质等。缺乏饮水的骆驼，其乳中的蛋白质含量大大降低，脂肪、乳糖的含量也降低，但钠和氯的含量增高，处于饥渴状态的骆驼乳中磷酸钙和镁的含量较低，灰分含量也较低。

（2）泌乳阶段

在泌乳期内，骆驼乳成分变化最大的是水分和脂肪，脂肪含量随泌乳时间的延长逐渐下降；乳糖含量变化幅度较小。吉日木图等对内蒙古阿拉善双峰驼骆驼乳的化学组成进行了分析，结果表明，第1次所挤初乳中总干物质为20.16%，到90天降为14.31%；蛋白质为14.23%，到90天降为3.55%；脂肪含量为0.27%，到24 h增加至4.18%，30天时为6.91%，90天又下降到5.65%，随泌乳时间的延长，骆驼乳氮分布中CN逐渐升高，WPN逐渐降低。随着泌乳时间的延长，骆驼乳中维生素C的含量增加，从泌乳1.5个月到4个月，骆驼乳中胡萝卜素的含量由0.46 mg/kg降到0.16 mg/kg。

（3）季节

Gaukhar等研究表明，骆驼乳中钙和磷的含量随季节和品种变化显著，但是只有磷和区域效应有关。春季骆驼乳中短链脂肪酸（C8:0、C10:0）的比例较高，而秋季骆驼乳中长链脂肪酸（C17:0、C17:1）的比例高。影响骆驼乳质量的主要因素是乳成分，而脂肪酸是影响乳成分的主要因素之一，伊丽等研究表明，准格尔双峰驼枯草前期乳中饱和脂肪酸的质量分数显著高于返青期、盛草期和枯草期。

（4）品种和胎次

吉日木图在研究双峰家驼与野驼分子进化及骆驼乳理化特性时发现，在同一饲养管理条件下，不同品种的骆驼乳其组成也有差异。进入常乳期后，泌乳月份对乳的组成没有显著影响，但胎次对干物质及氯离子含量具有显著影响。

影响产乳质量的因素

二、
传统而神秘的乳中珍品
——骆驼乳

骆驼乳是干旱荒漠地区牧民奶食品的主要来源之一。骆驼是物质代谢进化调节最快的哺乳动物，沙漠环境造就了骆驼特殊的生理机能，放牧的饲养方式，特殊的草食，特殊的哺乳方式等特点，使得骆驼乳具有神奇的功效。

骆驼乳中含有丰富的维生素、氨基酸、大量的不饱和脂肪酸等营养成分，乳糖的含量较少。由于骆驼乳脂肪球小，易被人体消化吸收，常用于哺育婴儿，是代乳佳品。骆驼乳中乳铁蛋白的形式比其他含铁营养品更易吸收；短链脂肪含量、蛋白质含量与钙含量均高于牛乳。

联合国第二次以官方名义大力推荐的是骆驼乳，第一次是 20 世纪 50 年代联合国向全世界推广牛乳，当时，牛乳是人类发现的“最接近完善的食品”。骆驼乳不仅比牛乳的营养更多、更好，而且有巨大的医疗和养生价值。

今天，联合国的这种努力，将会使骆驼乳成为对人类更有价值的

普及特殊食品，将使人类的健康质量更上一个台阶，尤其在老龄化日益严重的今天，普及被称为“沙漠白金”、“长寿奶”的骆驼乳要比当初普及牛乳的意义更大。

（一）骆驼乳的营养成分

世界上许多国家将骆驼乳视为上等的营养性食品。在干旱地区，居民的饮食结构中缺少绿色蔬菜和水果，而骆驼乳中高含量的维生素C、烟酸等营养成分，在提供主要营养素的同时也提供了维生素和其他微量元素。骆驼乳除了供羔驼哺食外，产量不高。但骆驼的泌乳期比较长，一般在15个月以上，并且乳汁浓厚，乳脂率高，乳中干物质较多，乳蛋白中氨基酸含量完全，脂肪球小，易于消化吸收，适于婴幼儿、老人和患者饮用。

骆驼乳过敏原性较低，不仅不会引起过敏而且对过敏体质有很好的改善作用，加上其营养构成接近人乳，越来越受到人们的关注，成为非常有发展前景的牛乳制品替代品。索马里、肯尼亚等适宜大量饲养骆驼的国家，早已将骆驼乳业发展成为当地的重要产业。随着研究的不断深入，骆驼乳的营养和保健价值越来越受到人们的重视。

1. 骆驼乳中的蛋白质和氨基酸

蛋白质是骆驼乳中的主要营养成分，消化吸收率一般为97%~98%，属完全蛋白。骆驼乳中蛋白质种类十分丰富，Alhaider等就从沙特阿拉伯利雅得及美国加利福尼亚地区家养单峰驼骆驼乳中鉴定了

骆驼乳的“六高一低”

238 种蛋白质，其中酪蛋白和乳清蛋白是骆驼乳中最主要的蛋白质。乳清蛋白主要包括 *β*- 乳球蛋白、*α*- 乳白蛋白、血清白蛋白、免疫球蛋白和糖巨肽；次要蛋白包括乳过氧化物酶、乳铁蛋白、*β*- 微球蛋白、溶菌酶、胰岛素样生长因子（IGF）、*λ*- 球蛋白等。骆驼乳中缺少 *β*- 乳球蛋白，*β*- 乳球蛋白是一种常见的过敏源，骆驼乳中 *β*- 乳球蛋白的缺失也证明骆驼乳可作为牛乳的一种优秀的替代品供给过敏体质者食用。

骆驼乳中含有人体必需的 8 种氨基酸，比例适当，且氨基酸的含量较高。在必需氨基酸的方面，骆驼乳中的必需氨基酸赖氨酸（Lys）的浓度很高，其中酪蛋白中的含量为（67±2.39）mg/g 和乳清蛋白中的含量为（96±2.20）mg/g。Lys 可以降低或防止单纯性疱疹的感染、促进注意力集中，在促进儿童发育、增强体质和增加身高方面有明显的作用。联合国粮农组织（FAO）和世界卫生组织（WHO）曾经提出理想蛋白质中的必需氨基酸含量以及对 1 岁儿童的推荐量（1991 年）。与之相比，骆驼乳蛋白质中的必需氨基酸含量高于 FAO/WHO 的推荐量，由此可认为，骆驼乳是营养价值比较高的食品之一，饮用骆驼乳能满足人类的营养需要。FAO/WHO 还曾提出健康成年人每天必需氨基酸的需要量，如表所示。假设一个人的体重为 60 kg，除了甲硫氨酸和半胱氨酸以外，一个成年人每天饮用 500 mL 骆驼乳，就可以满足其对必需氨基酸的需要。

骆驼乳蛋白质中必需氨基酸的含量与 FAO/WHO 推荐量的比较　%

氨基酸	在骆驼乳中的含量	FAO/WHO 推荐 1 岁儿童	FAO/WHO 理想
异亮氨酸	5.61	4.60	4.00
亮氨酸	9.48	9.30	7.00
赖氨酸	7.75	6.60	5.50
甲硫氨酸 + 半胱氨酸	4.24	4.20	3.50
苯丙氨酸 + 酪氨酸	8.69	7.20	6.00
苯丙氨酸	4.73	—	4.00
酪氨酸	—	1.70	1.00
缬氨酸	6.20	5.50	5.00
苏氨酸	4.52	4.30	—
组氨酸	2.63	2.60	—

骆驼乳中可提供给成年人的必需氨基酸　mg

氨基酸	FAO/WHO 推荐量 /（mg/kg 体重）	60 kg 体重成年人需要量	0.5 L 骆驼乳可提供量
异亮氨酸	10	600	981.8
亮氨酸	14	840	1 659
赖氨酸	12	720	1 356.3
甲硫氨酸 + 半胱氨酸	13	780	742
苯丙氨酸 + 酪氨酸	14	840	1 520.8
酪氨酸	4	240	—
缬氨酸	10	600	1 085
苏氨酸	7	420	791

2. 骆驼乳中的脂类物质

骆驼乳的脂肪酸含量中，有大量的中长链脂肪酸。近年来，长链不饱和脂肪酸受到广泛关注，长链的亚油酸、亚麻酸等是脑及神经系统的重要组成成分，在大脑的生长发育过程中可促进脑细胞的分裂与增殖。骆驼乳脂肪中含有多种大量的不饱和脂肪酸，对微血管壁的健全，防止心血管病的发生具有重大意义。另外，乳脂中某些成分具有抗菌、抗癌和抗氧化等作用。

骆驼乳中脂类的组成中脂肪含量为 5.65%～6.39%。三酰甘油酯是骆驼乳脂肪中重要的脂类化合物，占所有脂类化合物的 96%，同时还有少量的二酰甘油、单酰甘油、胆固醇、胆固醇酯、游离脂肪酸和磷脂。骆驼乳中脂肪酸的组成中长链不饱和脂肪酸含量高于牛乳、羊乳，这种高含量的长链不饱和脂肪酸对人体是有益的。骆驼乳磷脂的最主要组成成分是磷脂酰乙醇胺，其次为磷脂酰胆碱和鞘磷脂，此外还含有少量的磷脂酰肌醇和磷脂酰丝氨酸。与牛乳相比，骆驼乳中脂肪球的直径较小，且大小较均匀，所以骆驼乳更易于消化，更适合老年人、儿童和疾病患者饮用，也适合制作高档化妆品和治疗风湿病的药。

3. 骆驼乳中的糖类

（1）乳糖

骆驼乳中的碳水化合物主要是乳糖，从泌乳期初期开始到泌乳末期，骆驼乳中乳糖含量基本保持不变。其中双峰骆驼乳中乳糖含量为 4.24%～4.71%，单峰骆驼乳中乳糖含量在 2.40%～5.8%。导致骆驼乳乳糖变化范围大的主要原因与其所食的植物有关。此外，骆驼喜欢食咸性的植物，会造成骆驼乳偶尔有咸味。

乳糖在生长发育阶段、新陈代谢过程、组织的合成过程和维持正常体温等方面能够为人体提供大量的热量。乳糖还是婴儿体内器官、神经、四肢、肌肉等发育及活动的动力。乳糖的另一个重要作用是在钙的代谢过程中可以促进儿童对钙的吸收。有学者证明，乳中的甜味就来源于乳糖，但乳糖和其他糖类相比甜度较低，所以不会造成儿童的偏食。此外，据研究报道，人们在饮用骆驼乳后尚未发现有乳糖不耐受症的发生。因而对于乳糖不耐受症的人群来说，骆驼乳不失为一种最佳选择。

（2）低聚糖

低聚糖（oligosaccharides）是指不能被消化道和病原菌利用，仅能被益生菌利用，从而可使肠道益生菌大量繁殖的寡糖。低聚糖具有防粘连、抗炎、抑制有害菌的增殖、促进肠道的蠕动等功能。此外还具有调节人体免疫力、降低血脂、降低血压等重要生理功能。由于低聚糖很难或不会被人体消化吸收，因此，它所提供的能量值很低或根本没有，在低能量食品中也发挥重要作用。

目前研究发现骆驼乳和骆驼初乳都含有低聚糖，其中野生双峰驼乳及其初乳低聚糖含量更高。目前已经从双峰驼初乳中检测出 3 种中性低聚糖和 7 种酸性低聚糖，从双峰驼乳中检测出 2 种中性低聚糖和 1 种酸性低聚糖，从巴氏杀菌单峰驼乳产品中检测出了 2 种中性低聚糖和 5 种酸性低聚糖。因此，饮用骆驼乳不仅有利于提高人体免疫力，促进人体健康，骆驼乳还可为人体提供低聚糖。

4. 骆驼乳中的维生素

维生素是维持生物正常生命过程所必需的一类有机物质，需要量

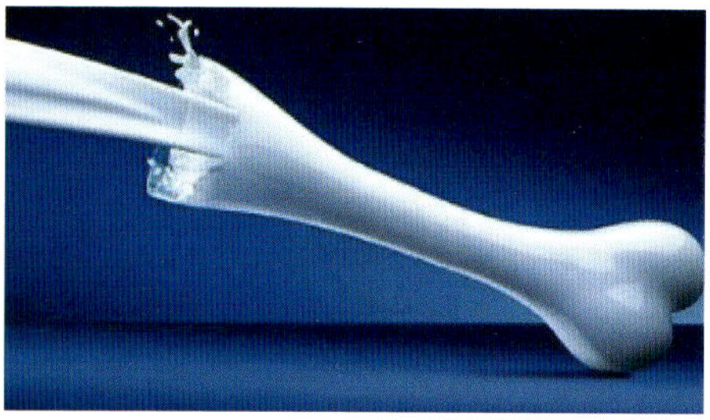

（图片源自 www.baidu.com）

少，但是对维持健康十分重要。大多数维生素不能被机体合成或合成量不足，必须从食物中获得。人体维生素的需要量很小，但一旦缺乏就会引发相应的维生素缺乏症。骆驼乳中几乎含有所有已知的维生素：维生素 A、维生素 B_1、维生素 B_2、维生素 B_6、维生素 B_{12}、维生素 C、维生素 D、维生素 E、烟酸、泛酸等。骆驼乳中水溶性维生素中除生物素外，含量均高于牛乳，尤其是烟酸和维生素 C 最为丰富。这对于缺乏蔬菜和水果供应的沙漠地区极其重要，因此骆驼乳则成为这些地区居民维生素 C 的主要来源。在儿童生长发育过程中，含量高于牛乳的维生素 D，对骨骼的形成起非常重要的作用，所以每天饮用 500 mL 骆驼乳就可以满足人体维生素 D 的需要。

5. 骆驼乳中的矿物质

矿物质是构成人体组织和维持正常生理功能所必需的各种元素的总称，是人体必需的七大营养素之一。矿物质元素与人体的新陈代谢息息相关，因此乳中矿物元素的生物效价影响着乳的营养价值。骆驼乳中含有丰富的钙、磷、钠、钾、镁、铁、铜、锌等矿物质，含量均高于人乳。骆驼乳富含多种矿物质，其中铁、钙、镁、钾、钠含量较高，分别是人乳的 5 倍、2 倍、3 倍、3 倍和 4 倍。骆驼乳可供刚出生的婴儿食用，因为其钙磷比最佳，可以防止婴儿磷酸盐过多和低血钙症的发生。铁是人体的造血元素，婴儿、青春期少女和妊娠妇女因铁摄入量不足引起缺铁性贫血的概率很高。因此，骆驼乳的推广对于降低我国居民患缺铁性贫血的概率也有着重要意义。

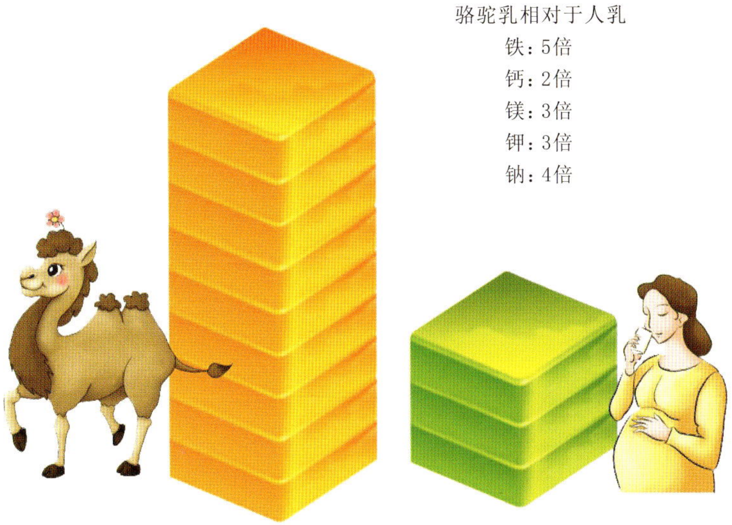

骆驼乳与人乳矿物元素的比较

（二）骆驼乳中富含纯天然生物活性因子

骆驼乳中含有更为丰富的维生素、氨基酸及不饱和脂肪酸等营养成分，其乳铁蛋白的形式比其他含铁营养品更易吸收；脂肪含量低于牛乳；蛋白质含量与钙含量均高于牛乳，骆驼乳中蛋白质为酪蛋白和乳清蛋白，而乳清蛋白中含有大量的溶菌酶、乳铁蛋白、乳过氧化物酶和免疫球蛋白等生物活性物质，有利于乳的贮藏，有研究表明，骆驼乳在 4℃放置 24 h，骆驼乳中菌落总数不会明显增加。虽然不同畜乳中都含有各种各样的保护性蛋白，但是不同畜乳中保护性蛋白的含量和类别有很大的差别，其特性也有所差异。骆驼乳中溶菌酶、乳铁蛋白和免疫球蛋白等保护性蛋白含量均高于牛乳。骆驼乳中富含溶菌酶、乳铁蛋白、乳过氧化物酶和免疫球蛋白等天然生物活性因子，因此骆驼乳具有很高的生物学价值。

骆驼乳含特殊功能因子

重链抗体

比常规抗体小，有可能与宿主细胞蛋白发生相互作用，诱导细胞调节。

胰岛素

1 L骆驼乳中含 45～128 IU。

EETs

独特的细胞色素CYP2J/EETs系统，在耐受高血糖功能方面具有关键作用。

类胰岛素生长因子

骆驼乳中含量丰富，是发挥降糖功效的重要辅助因子之一。

溶菌酶
乳过氧化物酶系统

乳铁蛋白

有效调节患者免疫力

骆驼乳乳清蛋白中主要的生物活性成分

（1）溶菌酶

溶菌酶是一种特异性地作用于细菌细胞壁的水解酶，是一种具有杀菌作用的乳蛋白，不仅具有分解细菌细胞壁的能力，而且还能增强抗体活性。天然溶菌酶主要存在于鸡蛋清以及哺乳动物的各种分泌物如眼泪、唾液和乳汁中，具有很强的杀菌、消炎、抗病毒、提高机体免疫力和防治肿瘤等功效。有报道称，乳汁中溶菌酶含量相对较高，其对于防治乳腺炎、增加乳汁的保质期、增强身体消化道疾病的抵抗力具有重要作用。

早在 2000 年，Elagamy 等报道单峰驼乳中溶菌酶含量是牛乳的 4.9 倍，是水牛乳的 11 倍。与其他动物相比，骆驼乳中的溶菌酶具有活性高、耐热性高、对溶壁微球菌细胞壁的溶解能力强等优点。研究表明，与埃希氏大肠杆菌相比，骆驼乳溶菌酶更易抑制微球菌属，同时可抑制鼠伤寒沙门氏菌的生长。因此，相比于牛乳，骆驼乳具有更强的杀菌能力，更有利于强化人体的免疫体系。

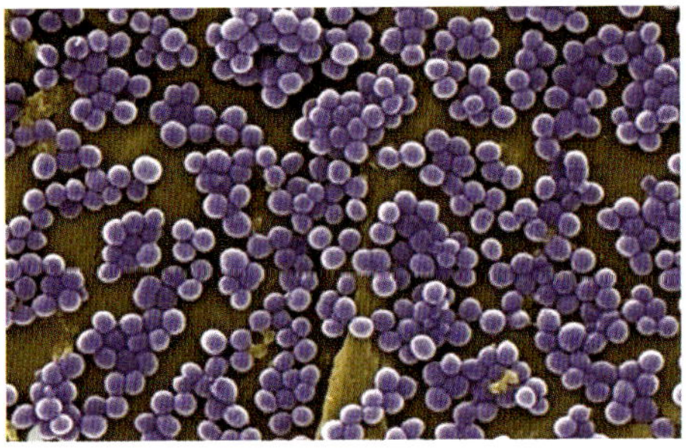

A. 微球菌属类

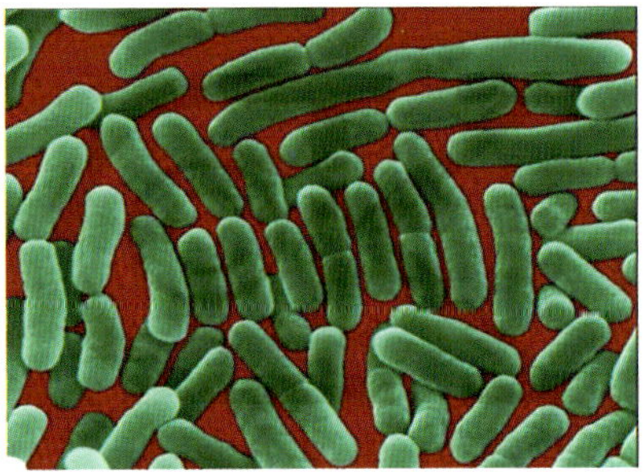

B. 鼠伤寒沙门氏菌

（2）乳铁蛋白

乳铁蛋白是一种结合性糖蛋白，主要存在于哺乳动物乳清中的球蛋白，是一种具有多生物学功能的蛋白质。自 1939 年人们发现乳铁蛋白以来，对其生物学特性和功能始终进行着不断深入系统的研究。乳铁蛋白能吸附重金属离子、稳定铁离子、促进肠黏膜细胞的增殖，增强肠黏膜中巨噬细胞的吞噬功能、增强骨髓细胞的生成等生理功能。乳铁蛋白还能刺激溶菌酶再生、增强机体直接和间接免疫应答、增强免疫力等一系列生物活性。

研究发现，乳铁蛋白对癌细胞也有明显的抑制作用。通过给大鼠服用乳铁蛋白后发现，大鼠消化道中腺癌细胞大量减少并起到抑制作用。此外 Tanaka 等发现乳铁蛋白在宿主体内对抵抗病毒有很大作用，对单纯疱疹病毒（HSV）、人免疫缺陷性病毒（HIV）、丙肝病毒（HCV）有很强的抑制作用。因此我们可以说乳铁蛋白在抗肿瘤、抗病毒方面也具有重要的生物性作用。

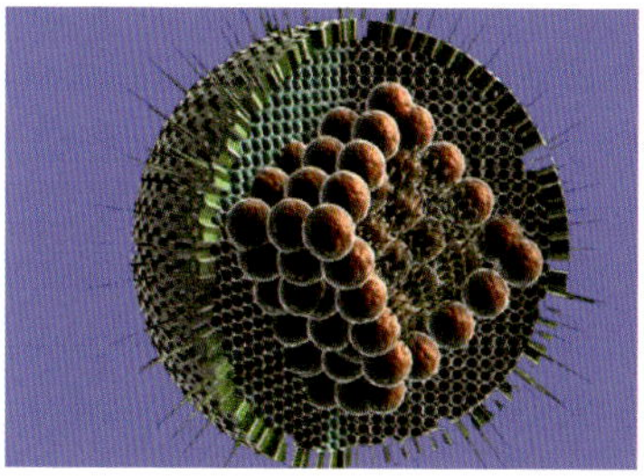

A. 单纯疱疹病毒（HSV）

B. 人免疫缺陷性病毒（HIV）

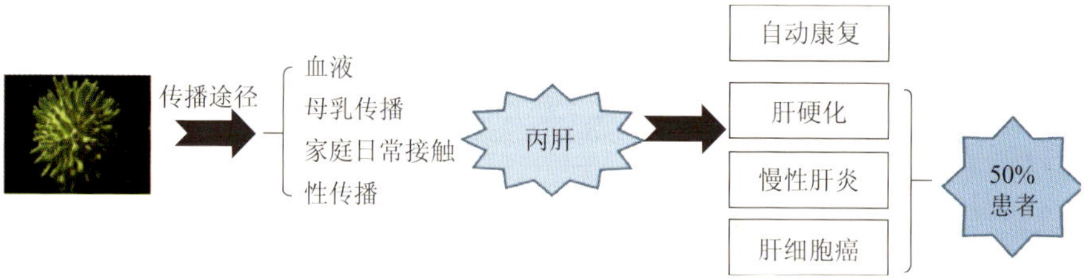

C. 丙肝病毒（HCV）临床表现

2000 年 Elagamy E. I. 等研究发现，骆驼乳中的乳铁蛋白含量明显高于牛乳。2004 年，Kappeler S. R. 等研究表明，骆驼乳中乳铁蛋白含量为 220 mg/L，是牛乳中乳铁蛋白含量（140 mg/L）的 1.6 倍。并且骆驼乳中的乳铁蛋白与牛乳比较，具有耐热性、较强的抑菌活性、较高的抗感染活性。随后，El-Sayed 等的研究发现，骆驼乳乳铁蛋白与牛乳乳铁蛋白具有相似的抗菌谱，均对鼠伤寒沙门氏菌产生显著的抑菌效应，但是由于骆驼乳中的柠檬酸盐含量比牛乳少，而高浓度的柠檬酸盐可以减少乳铁蛋白的抑菌作用，所以骆驼乳乳铁蛋白比牛乳乳铁蛋白具有更高的体内抑菌活性。

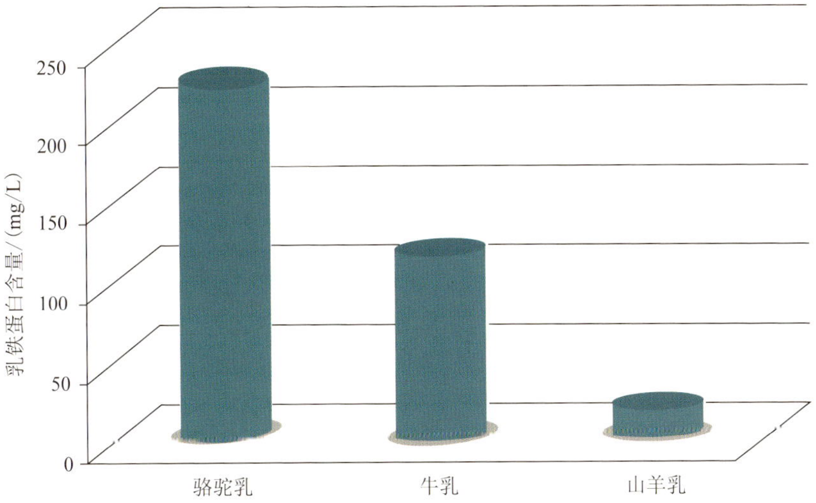

不同乳样中乳铁蛋白含量

（数据源于 Caitlin A., Production of human lactoferrin and lysozyme in the milk of transgenic dairy animals: past, present, and future, 2015）

（3）乳过氧化物酶系统

乳过氧化物酶是乳中相对含量较高的酶类之一，它通过过氧化物酶系统的形式，可抑制多种微生物的生长繁殖和代谢，并能杀死微生物。乳过氧化物酶抗菌系统是动物机体内的一种天然保护屏障，许多微生物细胞的外膜、胞浆膜、传输系统、糖酵解酶和核酸等都可被乳过氧化物酶系统所激活。因此，充分激活乳过氧化物酶系统可以抑制和杀死假单胞菌属、大肠杆菌类和沙门氏菌类等过氧化氢酶阳性细菌；也能抑制过氧化氢酶阴性细菌，如乳酸菌等。骆驼乳常温下 8 h 后变酸，牛乳 3 h 后变酸，在 30℃的同等条件下，牛乳 48 h 后变酸，骆驼乳可保持 7 天不变酸，也正是由于此原因，乳过氧化物酶系统主要由乳过氧化物酶、硫氰酸根和过氧化氢 3 种成分组成。充分激活乳过氧化物酶系统可以一直杀死 G^- 假单胞菌、大肠杆菌和沙门氏菌等过氧化氢酶阳性菌，也可抑制 G^+、过氧化氢酶阴性菌，如乳酸菌，但不可将其杀死。骆驼乳中过氧化物酶系统能抑制 G^+ 菌，并能杀死 G^- 菌，但对螺旋病毒并无抑制作用。骆驼乳中乳过氧化物酶系统可在 SCN^- 和 H_2O_2 存在的条件下发挥抗菌作用。乳过氧化物酶系统不仅可使骆驼乳在炎热的天气和无低温贮藏条件下保存几天而不变质，还可为治疗胃溃疡、腹泻和辅助治疗肝病等感染性疾病提供理论依据。

（4）免疫球蛋白

免疫系统是机体执行免疫应答及免疫功能的重要系统，是由免疫

骆驼乳中的免疫球蛋白能够抵抗细菌病毒

组织、器官、免疫细胞及免疫活性物质所共同组成，是机体防止病原体入侵最有效的武器。

免疫球蛋白是免疫活性分子中的一类，具有抗体活性或化学结构与抗体相似的球蛋白。免疫球蛋白具有增强机体的免疫能力，具有防止细菌和病毒入侵、活化补体、中和毒素、杀死肿瘤细胞、向胎儿传递免疫力及增强胎儿抗感染能力等生物活性功能。免疫球蛋白是由两条相同的轻链和两条相同的重链通过链间二硫键（S—S）连接而成的四肽链结构。根据免疫球蛋白结构的不同可分为 5 类，即免疫球蛋白 G（IgG）、免疫球蛋白 A（IgA）、免疫球蛋白 D（IgD）、免疫球蛋白 M（IgM）和免疫球蛋白 E（IgE）。

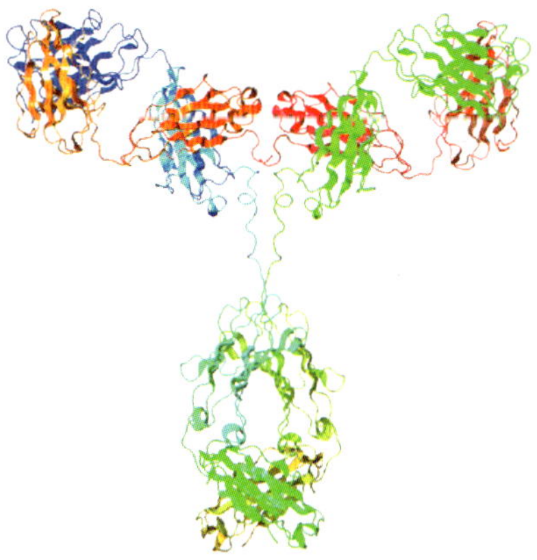

免疫球蛋白结构

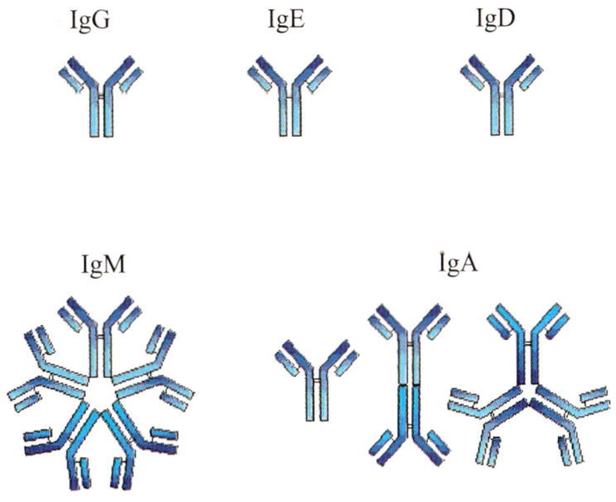

免疫球蛋白类型

通过测定骆驼乳中各类免疫球蛋白的含量，发现骆驼乳中含有丰富的 IgG，而 IgM、IgA 和 IgD 的含量较少。骆驼初乳中 IgG、IgM 含量之比为 7∶1，在骆驼初乳（产后 7 天）中 IgG 平均含量达 55.95 mg/mL，在常乳中 IgG 的平均含量达 3.2 mg/mL，远高于牛常乳（0.47 mg/

mL）和马常乳（0.39 mg/mL）。此外，骆驼乳 IgG 的热稳定性也高于牛乳 IgG，在 75℃加热 30 min 时，骆驼乳 IgG 的失活率为 68.9%，而牛乳 IgG 的失活率达 100%。骆驼乳中的 IgG 含量高、稳定性强，与其长期生存在恶劣的环境所形成的免疫系统有着密不可分的联系。众多科研工作者怀着强烈的好奇心，决定一探究竟，在 1993 年，比利时科研工作者 Hamers-Casterman 带领的科研小组发现，骆驼科动物（单峰驼，双峰驼，美洲驼等）体内不仅存在常规四聚体抗体 IgG1，还含有天然不含轻链的重链抗体（heavy chain antibody，HCAb），包含 IgG2 和 IgG3 亚型。这类重链抗体尽管缺失轻链，但是作为抗体的功能是完整的，且占血清蛋白总 IgG 的 70% 以上。2012 年，由内蒙古农业大学

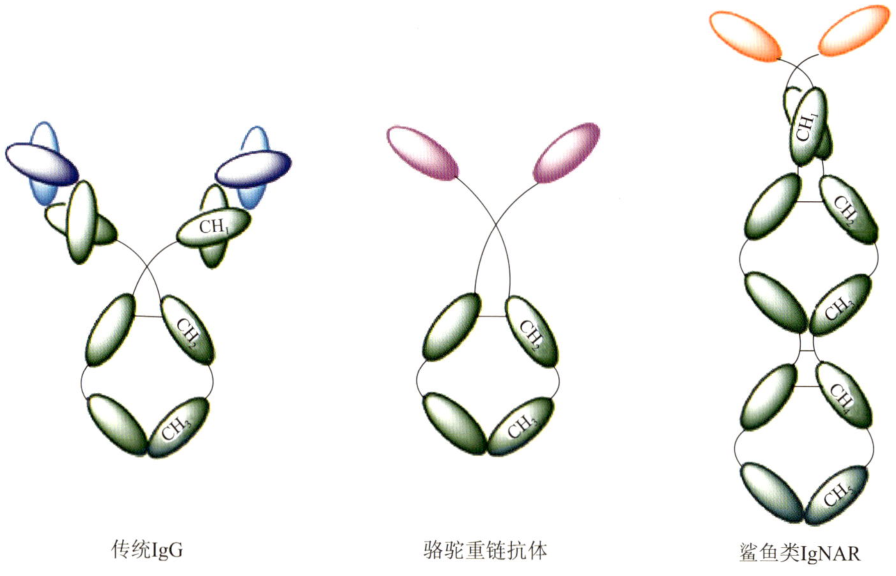

传统抗体，骆驼重链抗体，鲨鱼类抗体结构示意图

（图片源自 Khalissa Deffar, Hengliang Shi, Liang Li, *et al*. Nanobodies - the new concept in antibody engineering. African journal of biotechnology, 2009）

吉日木图教授带领的科研小组，采用亲和层析技术从骆驼乳中分离纯化出了 IgG1 和重链抗体 IgG2 及 IgG3，骆驼乳中纯化的总 IgG 含量占乳清蛋白的 90% 以上，重链抗体（IgG2 和 IgG3）占乳清中总 IgG 的 60%～80%。尽管之后在鲨鱼类动物中也发现了类似的重链抗体（IgNAR），但在结构上与骆驼重链抗体还是有所不同的。由此可知，骆驼虽然不是唯一具有重链抗体的脊椎动物，但却是唯一具有重链抗体的哺乳动物。

那骆驼所含有的重链抗体究竟有什么特点呢？

① 骆驼重链抗体不含轻链，也不含 CH1 区；

② 与常规抗体分子质量（170 kDa）相比，重链抗体 IgG2、IgG3 分子质量分别为 100 kDa 和 70 kDa。

③ 骆驼重链抗体可变区（VHH）与人类 VH3 家族高度同源，只有 10 个氨基酸与人 VH 不同，在框架 2 区（framework region, FR2）有 4 个亲水氨基酸的替代；同时互补决定区 1（complementarity determining region 1, CDR1）和 CDR3 比人的稍长，且 CDR3 呈凸形结构。

然而令我们没有想到的是，克隆重链抗体的可变区竟可得到仅由重链可变区形成的单域抗体，称为重链可变区基因抗体（VHH）。由于其三维空间尺度在纳米范围内（4 nm×2.5 nm×3 nm），因此也被称为纳米抗体（Nanobody, Nb）。

近年来，单克隆抗体（ScFv）凭借其较好的特异性和灵敏度，发展较快，但因体积大，结构复杂，在很大程度上限制了其在很多方面的应用。而纳米抗体的问世，在很大程度上弥补了 ScFv 的劣势之处。

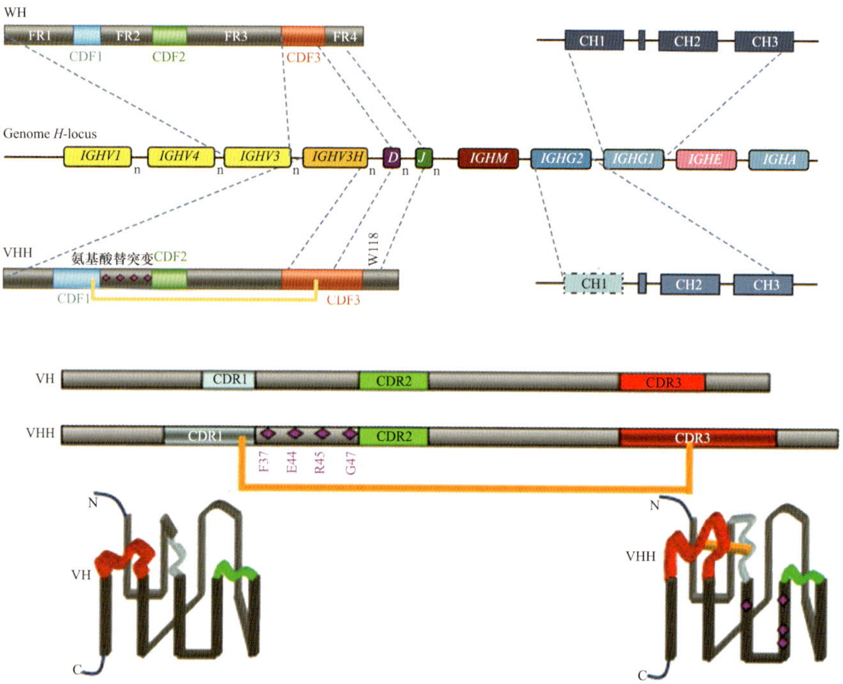

VH 与 VHH 区结构差异示意图

（上图为 VH, VHH 区基因结构示意图，下图为 VH, VHH 区折叠图，图中粉色菱形标记为 VHH FR2 框架区中发生氨基酸替换的位点，橘色线条表示 CDR 区内部的二硫键。图片源自 Serge Muyldermans. Nanobodies: Natural Single - Domain Antibodies, 2013）

那么，Nb 与 ScFv 相比到底有哪些优势呢？

① Nb 体积小，分子量在 15 kDa 左右，仅为传统抗体的 1/10。因而可深入到较为致密的组织，穿透血脑屏障以及能够接近靶目标表面传统抗体无法结合到的隐性抗原表位，如与抗原功能密切相关的呈凹形的酶结合位点等。

② VHH 区 FR2 区上有 4 个亲水氨基酸的替代，能使 Nb 保持严格的单体结构不易聚集。

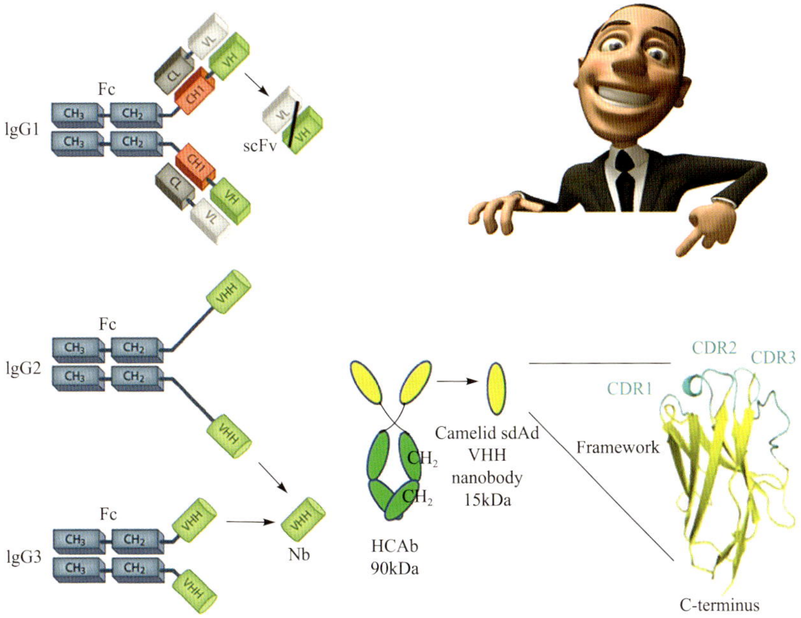

常规单域抗体，骆驼纳米抗体及其 C- 末端空间结构示意图

（图片源自 Serge Muyldermans. Nanobodies: Natural Single-Domain Antibodies, 2013; Jens De Vos, Nick Devoogdt, Tony Lahoutte, *et al*. Camelid single-domain antibody - fragment engineering for (pre) clinical in vivo molecular imaging applications: adjusting the bullet to its target, 2013）

③ CDR3 形成的凸起结构使其能够更好地结合抗原，弥补了轻链缺失造成的抗原结合能力不够。

④ Nb 具有高度的热和化学稳定性。在 4℃的环境下，抗原结合的活性能保持数月之久；对于一些特殊种类的纳米抗体，甚至能够耐受 90℃的高温。

⑤ Nb 易于获得，且在大肠杆菌及酵母菌中可大量表达。

纳米抗体凭借体积小、结构单一、高亲和力及高稳定性在生物各领域得到了广泛应用，具体如下：

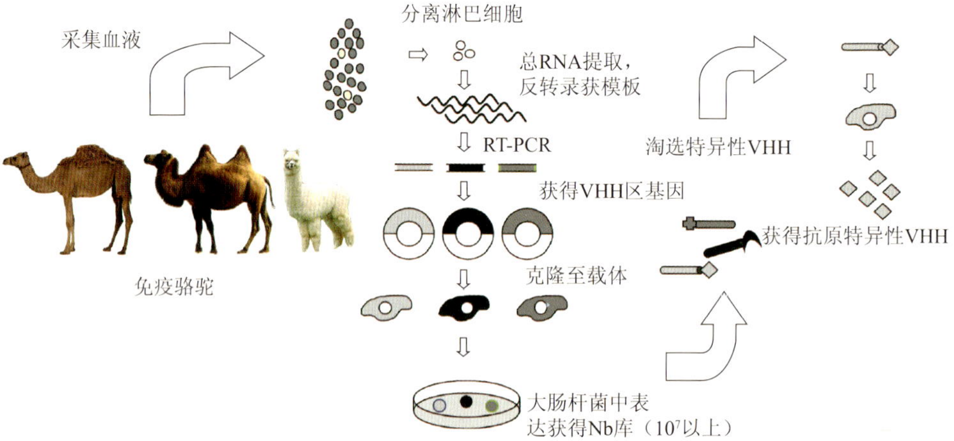

骆驼 Nb 抗体的制备流程

（图片源自 Hilde Revets, Patrick De Bartselier, Serge Muyldermans. Nanobodies as novel agents for cancer therapy. Vaccines & Antibodies, 2005）

■ 在医疗领域的应用

◆ Nb 在肿瘤诊断及治疗方面的应用

近年来，恶性肿瘤因其常见性、多发性、治愈率低、死亡率高等特点已逐步成为对全球人类健康及生命最具威胁性的疾病之一，且肿瘤患者数已超过了心血管疾病，成为世界第一号死神。

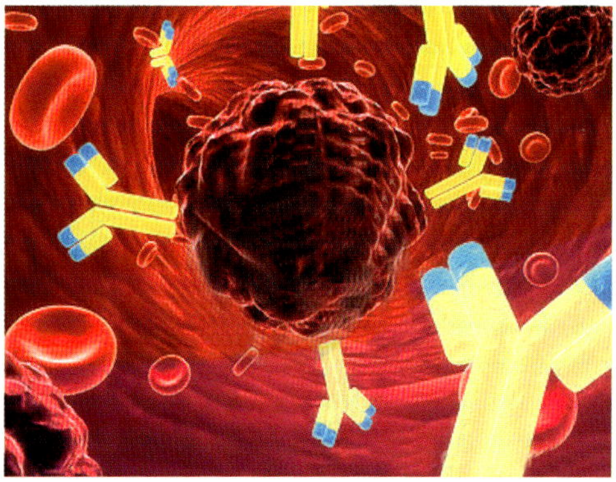

癌细胞的克星——抗体

（图片源自 www.dreamstime.com）

肿瘤的发生是一组由微观到宏观逐渐发展的复杂过程，在诸多因素作用下（如物理性、化学性或生物性）发生恶性转化从而不断转移，增加对机体的损害而难以治愈。因此，及时有效的诊断及实施治疗，对防止肿瘤转移，延长生存率至关重要。

(*) Nb 在分子定位方面的应用

肿瘤诊断治疗中最主要的一个难题就是肿瘤的早期体外诊断和监测治疗效果。由此可知，理想的显影剂应具有良好的组织穿透性，高抗原亲和力且未结合的能迅速从系统清除，并能使正常组织损伤降到最低等特点。据研究表明，纳米抗体具备理想显影剂的潜质，能穿过血管进入组织，更好地应用于显像和治疗。

2006 年，俄罗斯研究员 Rothbauer 带领的科研小组将特异性的纳米抗体与绿色荧光蛋白（GFP）融合后经过在细胞内表达，可以形成一系列荧光小体，利用其荧光特性来识别并追踪不同时期的活细胞。通过结合 GFP，可以实现在纳米尺度上对细胞内生物过程报告分子的精确定位，为高分辨高通量生物分析奠定基础。

(*) Nb 在前列腺癌中的应用

前列腺癌（prostate cancer, PCA）是发生在前列腺的上皮性恶性肿瘤，是危害男性健康最常见的肿瘤之一。近年来，前列腺癌的发病率逐年上升且发病年龄也趋于年轻化。在前列腺癌中，前列腺特异性抗原（PSA）是早期前列腺癌检测使用最广泛的靶标，不同亚型的 PSA 的产生与各种前列腺疾病有关。PSA 对前列腺癌的诊断特异性可以达到 90%～97%，因此患者体内的 PSA 的含量常被用于前列腺癌的早期诊断、临床分期、术后疗效观察。然而健康人体内游离态 PSA 含量很少，一般仅为 4 ng/mL，因此开发高通量低检测限且成本较低的检测方法具有很高的临床应用价值。

2004 年，Saerens 研究组（比利时）获得高亲和力的 PSA 纳米抗

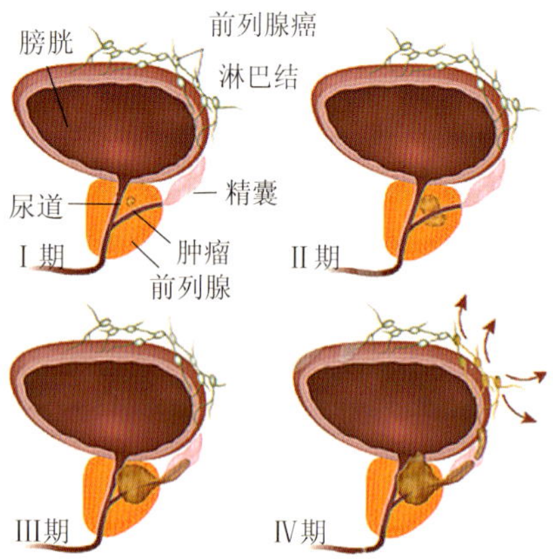

前列腺癌一分期图

（图片源自 www.dreamstime.com）

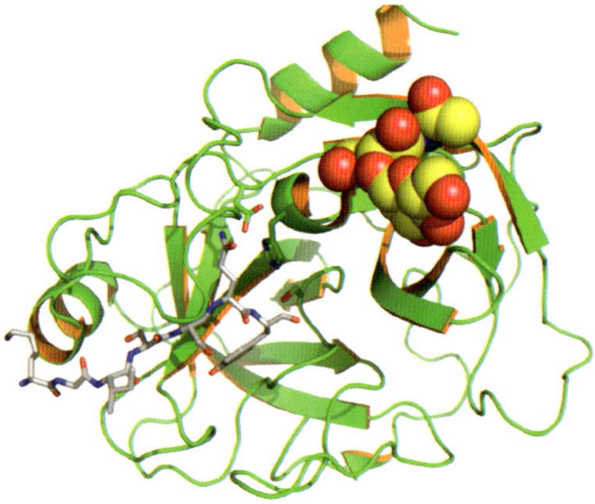

前列腺癌特异性抗原结构图（PCA）

（图片源自 www.dreamstime.com）

体，可以区分不同 PSA 的亚型，加强了以纳米抗体为基础的生物传感器在临床应用方面的实际意义。随后，Hoof 研究组于 2005 年，利用纳米抗体捕捉法，以链霉素胶体金颗粒显色的三明治免疫方法，对 PSA 检出限可以达到 1 ng/mL，实现了初步建立以纳米抗体对前列腺癌的早期诊断方法。

（*）Nb 识别表皮生长因子受体

表皮生长因子受体（epithelial growth factor receptor, EGFR）是一个巨大的跨膜糖蛋白，分子量为 180 kDa，具有配体诱导的酪氨酸蛋白激酶活性。EGFR 几乎在大部分肿瘤中都有高比例的表达。目前，已开发了多种靶向 EGFR 的抗体药物，但其相对复杂的分子结构、仍具有免疫原性、结构的不稳定性以及构建方法的烦琐等问题很大程度限制了其在医疗领域的应用。Nb 能够克服以上缺陷，因此利用 Nb 的特点，经过筛选出的 EGFR 特异性抗体能够与表皮生长因子产生竞争作用，阻碍其与受体结合，降低 EGFR 介导的信号传递。

(*) Nb 在卵巢癌靶向治疗方面的应用

卵巢癌是妇科肿瘤中死亡率最高的恶性肿瘤。由于其发病隐匿，70% 以上的卵巢癌患者发现时已为晚期。早期卵巢癌患者 5 年生存率为 70%～90%，而晚期卵巢癌患者的 5 年生存率仅为 20%。因此，早期诊断对卵巢癌的预后有重要的作用。

人表皮生长因子受体 2（HER2）是表皮生长因子受体家族 (EGFR) 的成员之一。2011 年，Borghs 研究组（比利时）通过将纳米抗体与分枝状金纳米粒子结合，利用金纳米粒子吸收近红外光后产生的热效应靶向杀伤癌细胞。研究表明，肿瘤细胞表面表皮生长因子受体（HER2）过表达，因此采取针对 HER2 的纳米抗体，与经过功能化修饰的金纳米粒子相结合，利用纳米抗体的特异性与高亲和力，金纳米粒子的热效应，通过荧光激活细胞分选术以及暗场显微镜，观察该特异性化合物的生物毒效应以及对卵巢上皮癌细胞的特异性杀伤效应。研究发现通过激发光照射后，与纳米抗体 - 金纳米粒子复合物结合的 HER2 阳性卵巢上皮癌细胞在 5 min 内被杀死，阴性对照组细胞没有影响。结果表明纳米抗体 - 金纳米粒子复合物在癌细胞的靶向治疗方面效果显著，有高度特异性，生物毒性较低。

■ Nb 在急性肾衰竭检测方面的应用

肾功能衰竭是肾脏功能部分或全部丧失的一种病理状态，根据病程分为急性和慢性两种。急性肾功能衰竭的临床表现以少尿、无尿、酸碱平衡紊乱的特征。

中性粒细胞明胶酶相关脂质运载蛋白（Neutrophil Gelatinase-associated Lipocalin, NGAL）是急性肾衰竭临床分期诊断的一个高度特异性的生

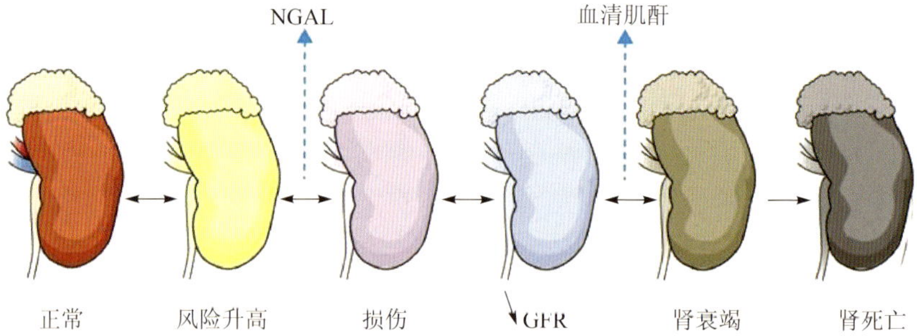

急性肾损伤的发展过程

（图片源自 www.dreamstime.com）

物标志物，也是早期糖尿病肾病的有效标志物之一。通过将生物素化的纳米抗体定向固定在负载有链霉素亲和蛋白的四氨基酞菁（CoPc）敏化二氧化钛电极表面，构建了针对 NGAL 的高灵敏度免标记光电（PET）化学免疫传感器。利用 CoPc 能够加速光电子迁移的特性以及筛选出的纳米抗体的高亲和力和稳定性，保证了该免疫传感器在极端条件下检测的准确性与重复性，其检出限能够达到 0.6 pg/mL。此外，该研究组还开发了针对人血清降钙素原的三明治免疫传感检测方法，极大地降低了检测限至 3.4 pg/mL。

◆ Nb 在冠心病诊断方面的应用

冠心病已成为当今严重危害人类健康、影响人们生活质量的最常见心血管疾病之一。随着人们生活水平的提高，膳食结构的不合理、吸烟、压力等不健康的生活方式等因素，使冠心病的发病率和致残率呈逐年上升的趋势，如何尽早地诊断、治疗冠心病具有重要意义。

冠心病为多病因疾病，其发生发展受众多因素的影响，其中，脂质代谢异常是动脉粥样硬化最重要的危险因素。在血脂代谢异常表现

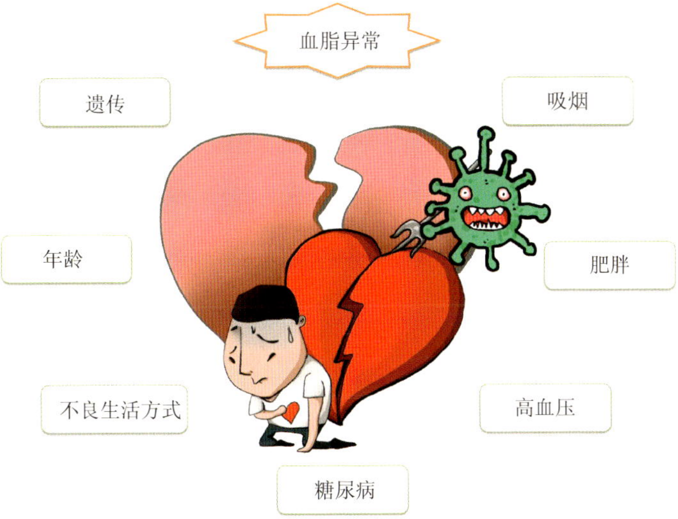

冠心病危险因素

中总胆固醇（TC）和低密度脂蛋白（LDL-C）升高是冠心病的主要原因，多项研究及临床试验结果也表明，降低 LDL-C 能明显减少冠心病的危险性。LDL-C 中最主要的蛋白是载脂蛋白 B-100（ApoB-100），因此，ApoB-100 有可能成为判断降脂治疗、预测冠心病风险更有效的指标。2015 年，东南大学万亚坤教授带领的科研团队，基于纳米抗体小体积，高稳定及高亲和力的特点，采用电化学阻抗谱技术制备出含有抗 ApoB-100 的纳米抗体免疫传感器用于快速检测 ApoB-100，该传感器操作简单且灵敏，可成为诊断冠心病的有力工具。

◆ Nb 在细菌诊断及治疗方面的应用

(*) Nb 预防及治疗鲍曼不动杆菌

鲍曼不动杆菌（*Acinetobacter baumannii*）是一种需氧非发酵革兰氏阴性条件治病菌，广泛存在于自然界、人体皮肤、呼吸道、消化道

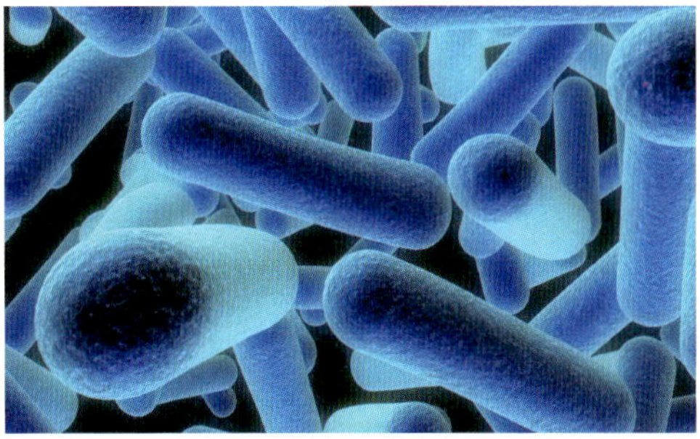

鲍曼不动杆菌
（图片源自 www.baidu.com）

和泌尿道中，主要感染低免疫力宿主或有创诊疗以及抗生素不合理使用的患者。鲍曼不动杆菌对临床上可用的抗菌药物（β-内酰胺类、碳青霉烯类、氨基糖苷类、四环素类和氟喹诺酮类抗菌药物）几乎全部耐药，使得感染者的治疗非常困难，是医院内感染的重要病原菌之一。据统计，鲍曼不动杆菌感染患者的病死率为43%，而在一些国家，病死率甚至高达75%。因其天然获得性及多重耐药性的特点，目前鲍曼不动杆菌感染已成为全球共同关注的重要公共卫生问题之一。

研究发现，鲍曼不动杆菌的耐药性和致病力与生物膜形成有关。生物膜状态下的细菌环境适应能力更强，不仅能够抵抗吞噬细胞，还能逃避宿主的免疫能力，是导致慢性持续性感染和感染难以治愈的重要原因。2013 年，伊朗的研究者 Zahra Payandeh 则利用 Nb 小体积、强穿透力、稳定性强等独特的特点制备了抗鲍曼不动杆菌的重组纳米抗体，发现该重组抗体具有在体内中和鲍曼不动杆菌的能力，因此该重组抗体可作为快速诊断或治疗鲍曼不动杆菌感染的工具，为鲍曼不动杆菌感染者的治疗提供新的方法。

（*） Nb 预防及治疗轮状病毒

轮状病毒（rotavirus, RV）是一种双链 RNA 病毒，属于呼肠孤病毒科，是引起婴幼儿腹泻的主要病原体之一。无论在发达国家还是发展中国家，婴幼儿 RV 感染都是比较普遍的，几乎全世界每个大约

5 岁的小孩都曾感染过轮状病毒至少一次。该病毒主要感染小肠上皮细胞，造成细胞损伤而引起腹泻，主要由粪 - 口途径感染。其临床表现为急性肠胃炎、呕吐、水状腹泻以及低程度的发热，通常是从呕吐开始，紧接着大量的腹泻，从而造成脱水现象，也因此，脱水成为轮状病毒感染最常见的死因。

据统计，在撒哈拉以南的非洲和亚洲地区，超过 1/3 的婴幼儿腹泻及肠胃炎疾病是由轮状病毒引起的，每年导致 50 万～60 万婴幼儿死亡，欧洲和美国预防和治疗该类疾病的直接和间接医疗费用高达数 10 亿美元。轮状病毒在不同地区感染的普遍性表明，生活卫生水平的提高并不能降低轮状病毒的感染率和发病率。由于轮状病毒感染婴幼儿，对社会造成了严重的疾病负担和经济负担。因此，开发安全有效的疫苗及药物对于预防和治疗轮状病毒的感染有着重要的意义。

据此，多位研究者通过实验证实，口服轮状病毒特异的 Nb 或表达这种 Nb 的副干酪乳杆菌，能大量减少小鼠模型中轮状病毒数量和轮状病毒引起腹泻持续时间和严重程度。抗轮状病毒 VP6 蛋白的 Nb 在体外具有中和病毒的能力，并能有效地治疗小鼠腹泻。因此，儿童通过服用含有特异性 VHH 的活菌剂，可有效预防和治疗轮状病毒的感染，且 VHH 相比常规抗体成本低，可大量生产。这为轮状病毒的治疗开辟了新道路的同时减轻了经济负担。

(*) Nb 预防及治疗锥虫病

人类非洲锥虫病（human African trypanosomiasis, HAT），又称睡眠病或嗜睡性脑炎，是一种由布氏锥虫经舌蝇（俗称采采蝇）叮咬人类及哺乳动物而传播。锥虫病主要由冈比亚锥虫（Trypanosoma brucei gambiense）和罗得西亚锥虫（Trypanosoma brucei rhodesiense）引起。

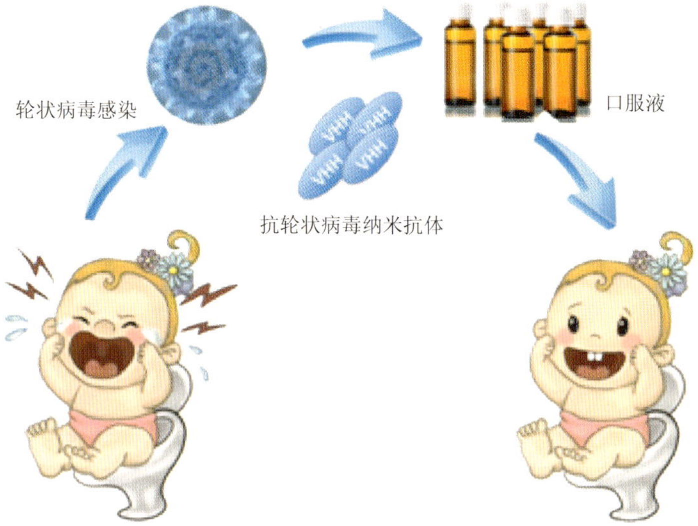

婴儿口服轮状病毒特异的 Nb 缓解腹泻

冈比亚种引起超过 95% 的锥虫病，导致慢性感染，但一旦出现病症，病人往往会感染中枢神经系统。罗得西亚种引起不到 5%，但会导致急性感染，很快出现病症并进入中枢神经系统。锥虫病可分为两个发病阶段，第一阶段为血淋巴阶段（haemolymphatic phase），伴有头痛发热、关节痛及瘙痒等症状。第二阶段为中枢神经节段（neurological phase），伴有行为改变、感觉障碍及共济失调等症状，而睡眠周期紊乱是第二阶段的重要特征。锥虫病如果不能得到及时治疗将有很大危险。

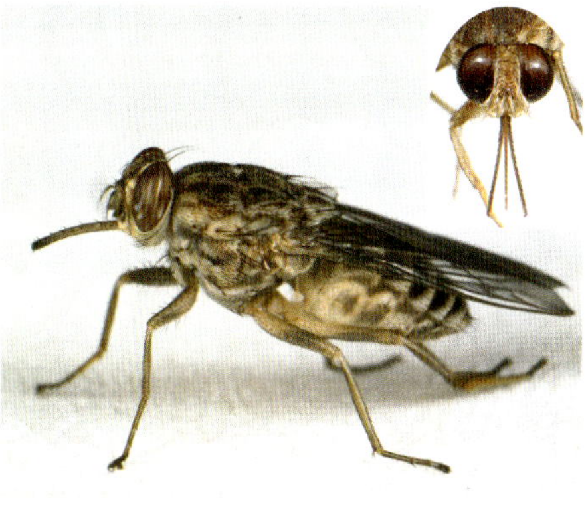

采采蝇

（图片源自 www. baidu. com）

近年开发用于治疗锥虫病的药

物，由于用药困难，副作用大并且产生耐药性，在治疗过程中给病人带来很多痛苦。布鲁塞尔研究人员发现，采采蝇自身携带的某种共生菌能向锥虫病发起攻击，改变这种共生菌的基因，将其转化表达一种单域抗体——Nb_An33，能够有效地靶向锥虫隐藏的变异表面糖蛋白，两者形成的复合物能够抑制锥虫的生长，遏制疾病的传播并防止人体感染。

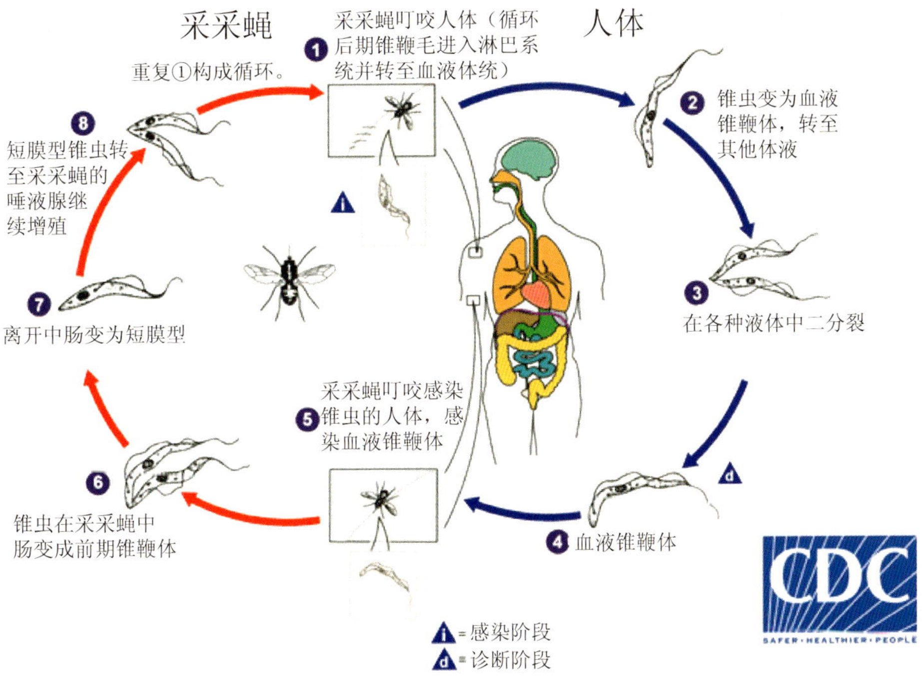

锥虫的生命周期

（图片源自 www. baidu. com）

■ 在食品领域的应用

◆ 食物中毒的解毒

Nb 能与细菌结合，抑制产酶的活性，从而起到一定的治疗作用。还可中和细菌毒素、蛇蝎毒素。

（图片源自 www. baidu. com）

◆ 食品污染物的脱毒

Nb 可对饲料中黄曲霉素（AFT）进行脱毒处理，能有效降低黄曲霉素的危害。

◆ 食品检测

Nb 可以在体内或体外控制蛋白构象。可利用纳米抗体增强荧光强度来提高食品检测的灵敏性，有重要的现实意义。2015 年，由内蒙古农业大学吉日木图教授带领的团队，采用免疫胶体金技术，利用骆驼乳中独特的 IgG_3 重链抗体的免疫反应，设计制作而成可用于定性检测骆驼乳以及用于半定量分析骆驼乳样品被人为稀释或掺假的质量分析。

◆ 免疫乳的开发

哺乳动物的乳汁是机体免疫协调作用的分泌物之一。免疫乳则是

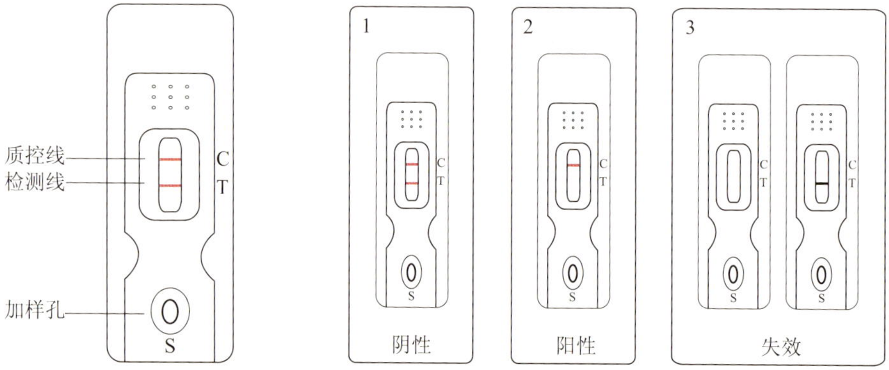

骆驼乳检测试剂盒说明

4

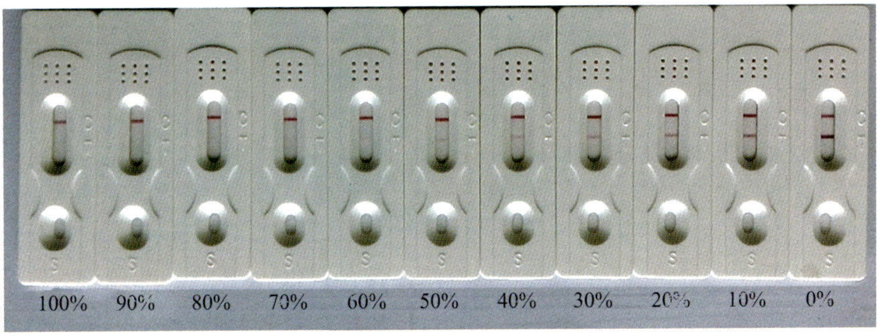

骆驼乳掺入不同比例牛乳检测结果

指对哺乳动物，例如牛、羊等进行选择性地接种一些能够引起人或动物疾病的细菌、病毒或其他外来抗原，刺激机体发生免疫应答，分泌特异性的抗体和相应的免疫因子到乳中，这种含有特异性抗体和免疫因子的乳称为免疫乳。免疫乳除含有丰富的营养物质之外，还含有丰富的免疫球蛋白、细胞因子和多种天然生物活性成分，它们对人体的保健与一些疾病的预防和治疗具有重要作用。其中，起主要作用的是抗体 IgG。目前，免疫乳开发技术已非常成熟，免疫乳的产品也是花样迭出。然而，免疫乳多为免疫牛乳或免疫羊乳，免疫骆驼乳尚未出现。

2012 年，由内蒙古农业大学吉日木图教授带领的团队从骆驼乳中分离纯化出了重链抗体 IgG_2 及 IgG_3，且它们占乳清中总 IgG 的 60%～80%。据我们所知，重链抗体具有体积小，进入人体后不仅易于消化吸收，HIA 能够与隐匿在狭小细缝中的抗原特异性结合。因此，开发免疫乳在疾病治疗和药物开发领域具有不可估量的潜力。

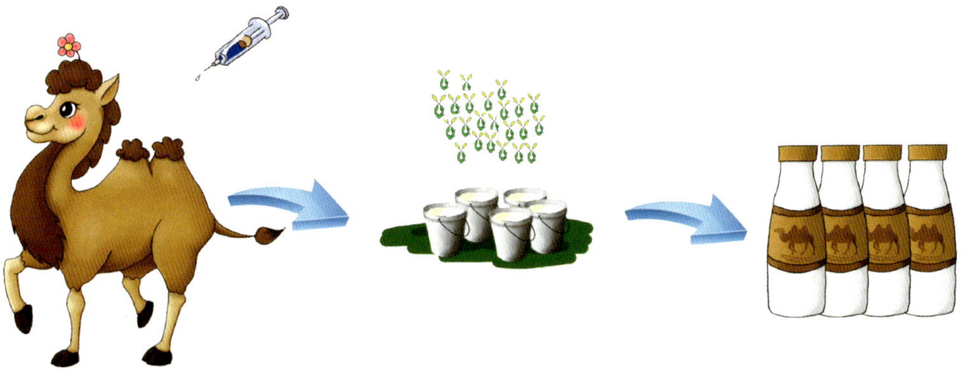

骆驼免疫乳的制备

（对骆驼选择性接种引起人或动物疾病的细菌、病毒或抗原，刺激机体免疫应答，产生特异性抗体进入乳中，采集含特异性抗体的免疫骆驼乳，生产加工成免疫骆驼乳。）

（5）α-乳白蛋白

α-乳白蛋白是一种钙结合蛋白，可促进钙吸收，是赖氨酸、亮氨酸、苏氨酸、色氨酸和胱氨酸的丰富来源。同时，α-乳白蛋白也是一种主要的乳清蛋白组成成分，具有调节产乳、细胞溶解活性、诱导细胞生长和抑制细胞凋亡等多种功能。并且能够改善情绪、睡眠和记忆，而这些功能都取决于α-乳白蛋白中较高的色氨酸含量。大量试验表明，食用含有较高色氨酸的蛋白有助于提高血液中复合胺的释放。通过测定发现，骆驼乳乳清中最主要的乳清蛋白是α-乳白蛋白（45%～50%），其次为血清白蛋白（30%～41%），而牛乳乳清当中最主要的乳清蛋白是β-乳球蛋白

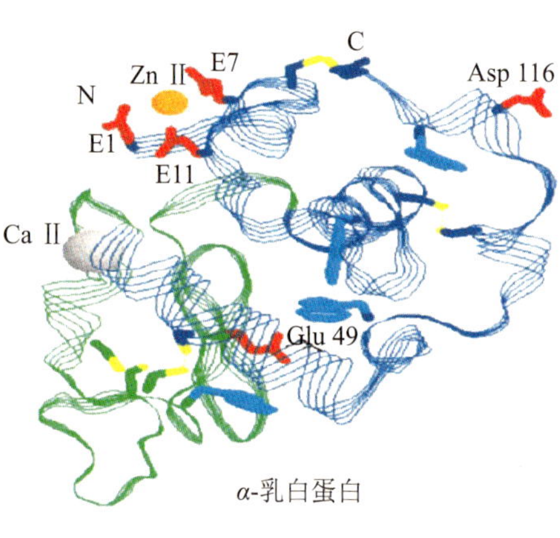

α-乳白蛋白

(52.6%)，其次才是 α-乳白蛋白（26.0%）。并且相比于牛乳，骆驼乳中的 α-乳白蛋白更易于被肠道酶类（胰蛋白酶和胰凝乳蛋白酶等）酶解，这些酶在婴儿胃蛋白酶固有活性低或胃环境不能使胃蛋白酶发挥最大作用时，对乳白蛋白的水解起重要作用。因此，相比于牛乳食用骆驼乳对婴幼儿更有益。而且研究者发现处于高压环境的人士喝骆驼乳有助于缓解压力，改善工作表现、改善睡眠、改善抽象视觉记忆功能。

1.提高免疫力，减少疾病发生
2.更好消化吸收，减轻肾脏负担
3.促进钙吸收，提升补钙效果

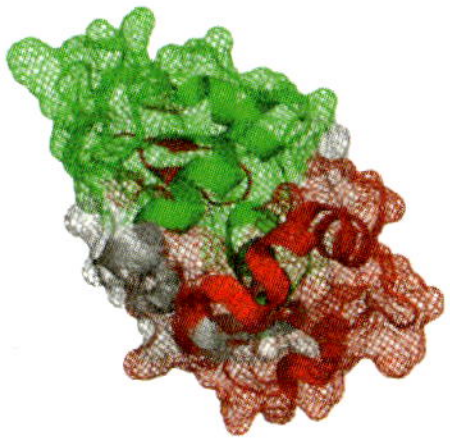

α-乳白蛋白结构映射

4.调节产乳细胞溶解活性、诱导细胞生长抑制和细胞凋亡

5.有助于缓解压力，改善工作表现，并改善睡眠，改善抽象的视觉记忆

α-乳白蛋白生物学功能

不同乳样中 α-乳白蛋白含量　　g/100 mL

组分	乳清总蛋白	α-乳白蛋白	β-乳球蛋白	血清蛋白
骆驼乳	0.83	0.29	极少	0.045
牛　乳	0.6	0.11	0.40	0.04
人　乳	0.7	0.30	极少	—

注：此数据来源于李龙柱，张富新，贾润芳等（2012）不同哺乳动物乳中主要营养成分比较的研究进展。

（6）酪蛋白中生物活性成分

酪蛋白是乳中含量最高的蛋白质，综合各种研究成果可以得到，骆驼乳中含有 αS_1-酪蛋白、αS_2-酪蛋白和 β-酪蛋白，不含有或极少含有 κ-酪蛋白，这使得骆驼乳的理化性质不同于牛乳。研究证明，经酶法水解后，骆驼乳的全酪蛋白和 β- 酪蛋白的抗氧化性以及 ACE 的抑制性均会增强。

研究者发现分别利用胃蛋白酶、胰蛋白水解酶和胰凝乳蛋白水解酶对骆驼乳酪蛋白和全酪蛋白进行水解，检测后显示水解产物对 ACE 活性有明显抑制作用。若三种蛋白酶混合作用，ACE 抑制活性更显著提高。此外发现，利用胰凝乳蛋白酶对 β- 酪蛋白水解，得到的水解物更具有抗氧化活性的作用。因此认为骆驼乳中的 β-酪蛋白可以作为一种天然的抗高血压和抗氧化的一种新型药物。因此 β-CN 可能在骆驼乳中作为天然抗高血压药物来源上发挥重要作用。骆驼乳整个酪蛋白和 β-CN 时表现出显著的抗氧化活性与胰凝乳蛋白酶水解作用，这会进一步使骆驼乳酪蛋白的应用和衍生多肽类抗高血压和抗氧化剂药物的研发得到推广。

（7）乳脂肪球膜

骆驼乳中含有相关酪蛋白和乳清蛋白。然而，对于骆驼科，人们几乎不了解乳脂肪球膜。该膜是脂肪悬浮液中的乳化剂。相关研究确定，单峰骆驼乳中主要含有乳脂肪球膜蛋白质（即脂肪酸合酶、黄嘌呤氧化酶、嗜乳脂蛋白、乳凝集素和脂肪分化相关蛋白)，这些已经证明在牛乳中存在的蛋白质同样通过质谱分析也可在骆驼乳中识别出。此外，液质联用法使我们识别与骆驼乳脂肪球膜相关的蛋白质的 322 官能团。骆驼乳清蛋白与蛋白质家族的胰岛素存在一些相似之处，它已经表明，糖尿病患者使用骆驼乳可以显著减少其为维持血糖控制所需的剂量。由于其较低的蛋白质含量和无乳球蛋白（高免疫原性乳蛋白质）且脂肪球直径较小并大小均匀，因此骆驼乳更易于消化吸收，适用于老年人、儿童和疾病患者饮用。但骆驼乳中缺乏一种促进乳脂肪球簇集形成奶油的促进因子——凝集素，或是含量少，不适合制作奶油。乳脂肪球膜上存在磷脂，虽数量少，但决定其高脂肪乳制品性质。

(8) 磷脂

磷脂（phospholipid, PL）由 C、H、O、N、P 5 种元素组成，它是维持生命活动的基础物质。主要由磷脂酰胆碱（PC)，磷脂酰乙醇胺(PE)，丝氨酸磷脂（PS)、磷脂酰肌醇（PI)，鞘磷脂（SP）和溶血磷脂（LP）构成。在各类乳中，磷脂主要存在于乳脂肪球膜中。乳中磷脂主要由 PC、PE 等组成。经测定发现，骆驼乳中总磷脂含量明显高于牛乳和人乳。

不同乳样中磷脂的组成

乳样	磷脂含量 /(μg/mL)					
	PC	PE	PI	PS	PL	PL 占总脂肪 /%
骆驼乳	78.4	125	7.6	21.3	204	0.55
牛　乳	60.3	61.8	20	50	393.4	0.87
人　乳	60.3	41.5	11.1	22.1	250.3	0.56

（数据源于 Cyrielle Garcia. Phospholipid fingerprints of milk from different mammalians determined by ^{31}P NMR: Towards specific interest in human health, 2012）

磷脂是生物膜的重要组成部分，具有活化细胞、维持新陈代谢、增强人体免疫作用，并对促进脂质的代谢、改善智力、保护肝脏和预防心血管疾病等也具有重要作用。其中 PC、PI、LP 具有抗癌、抗肿瘤的作用；PE 和 PI 具有降低胆固醇、预防冠心病的作用；SP 和 LP 等具有抗炎的作用。根据目前的研究发现，骆驼乳中总磷脂含量明显高于牛乳、人乳和马乳，并且骆驼乳中磷脂的主要组成 PC、PE、PS 均明显高于其他乳源。因此人们选择饮用骆驼乳，可以有效地预防心血管疾病、降低胆固醇、抵抗癌症等。

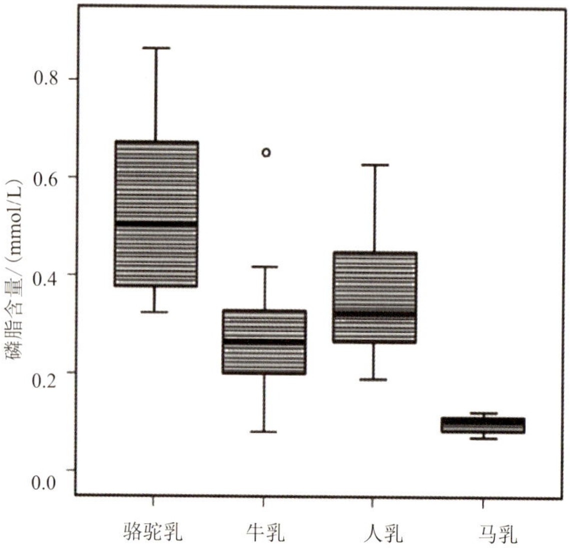

骆驼乳、牛乳、人乳和马乳中磷脂的含量

（数据源于 Cyrielle Garcia. Phospholipid fingerprints of milk from different mammalians determined by ^{31}P NMR: Towards specific interest in human health, 2012）

(9) 氨基丁酸

氨基丁酸是一种非蛋白质组成的天然氨基酸，其生理功能有参与阵痛、抗焦虑、抗惊厥、降血压、抗心律失常、治疗癫痫；调节激素的分泌及其生殖生理的作用；对神经系统的发育过程中具有营养作用；对脑血管障碍引起的症状，如偏瘫、记忆障碍、儿童智力发育迟缓及精神幼稚症等有很好的疗效，同时作用于尿毒症、睡眠障碍以及CO中毒的治疗药物等。

骆驼乳和山羊乳比牛乳、人乳更可利用氨基丁酸，并且能够激活氨基丁酸q受体。氨基丁酸和牛磺酸浓度之间的关系表明，整个骆驼乳可能是在氨基丁酸q1受体激活方面，比羊乳更有效。因为氨基丁酸q受体通常被发现在消化道内腔的内分泌细胞中，骆驼乳和羊乳中的氨基丁酸可能参与人体胃肠道腔中内分泌细胞调节氨基丁酸功能。骆驼乳主要通过游离氨基丁酸来进行氨基丁酸活动。

牛磺酸是一种在人乳和羊乳中含量最丰富的氨基酸，牛磺酸在骆驼乳中是一个氨基丁酸q1受体的调制器，其浓度低于30 LM时可增强氨基丁酸q1受体，但浓度高于300 LM时会抑制氨基丁酸q1受体。然而，在整个羊乳中游离牛磺酸浓度190～995 μmol/L范围，并且在这些浓度条件下，牛磺酸将成为负面氨基丁酸q1受体调制器。骆驼乳中牛磺酸大约为50 LM，这表明骆驼乳体内物质比羊乳更易激活氨基丁酸q1受体。骆驼乳和羊乳中含有激活氨基丁酸q1受体的游离氨基丁酸，并可能激活受体。在10%乳稀释液中，没有观察到牛奶测试中的氨基丁酸-拮抗化合物，相反，骆驼乳中有支持在氨基丁酸q1受体上的氨基丁酸能活动氨基丁酸/牛磺酸比率。

（10）GABA

GABA又称γ-氨基酸，是一种由非蛋白质组成的、对人体起重要作用的一种氨基酸。GABA分布非常广泛，在动物、植物和微生物中均发现其存在。GABA 具有一定调节动物免疫系统、抑制血压上升的作用。此外，GABA 是动物中枢神经系统内最主要的抑制性神经递质，具有抗惊厥、调节食欲、改善肝脏和肾脏功能、调节激素分泌等生理作用。

目前对 GABA 进一步的研究发现，人日服 100 mg/kg GABA 后能显著提高唾液中 IgA 的分泌水平、增强机体抵御病原侵入、提高免疫力。并且 GABA 具有抑制癌细胞迁移、改善高血糖、保护和修复胰岛 β 细胞等功能。2011 年 Tian 等通过体内实验口服 GABA 也证实，GABA 可以改善肥胖和 Ⅱ 型糖尿病的动物模型的葡萄糖耐量和胰岛素敏感性。2014 年 Agenor Limon 等通过 LC–MS/MS 检测，发现骆驼乳和山羊乳中含有大量 GABA，且明显高于人乳和牛乳。由于 GABA 在提高免疫力、改善高血糖、保护和修复胰岛 β 细胞的功能上发挥重要作用，因此对于糖尿病和免疫力低下的人群来说，骆驼乳不失为一种良好的选择。

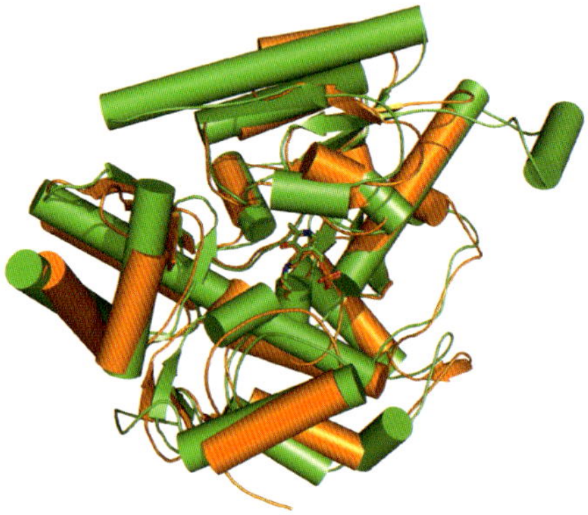

GABA 分子结构

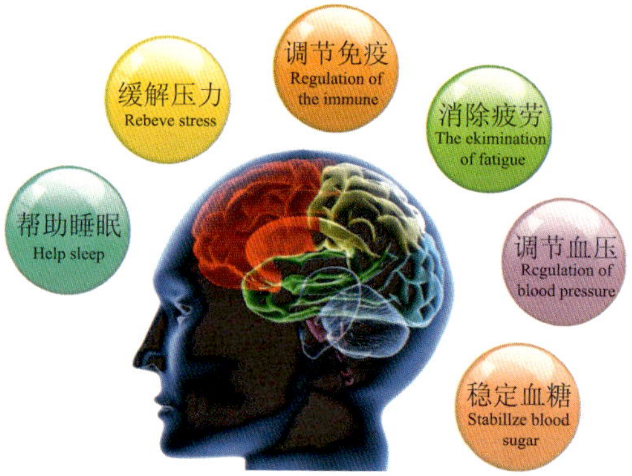

GABA 在乳中的作用

（图片源自 www.baidu.com）

（11）牛磺酸

牛磺酸是一种含硫的非蛋白氨基酸，在体内以游离状态存在，不参与体内蛋白的生物合成，与胱氨酸、半胱氨酸的代谢密切相关。人体内主要依靠摄取食物中的牛磺酸来满足机体需要。牛磺酸是调节机体正常生理活动的活性物质，具有维持机体渗透压平衡、调节细胞钙

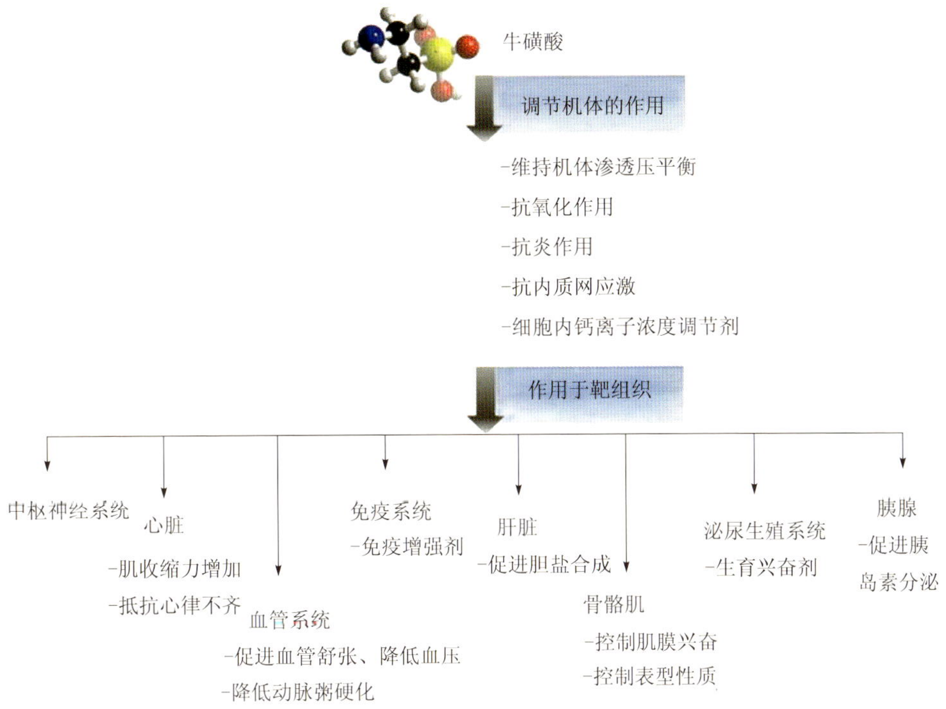

牛磺酸生物学功能

平衡、提高机体免疫能力、保护心肌细胞、促进婴幼儿大脑发育等广泛的生物学功能；并且能够维持正常血压、降低胆固醇、促进胰岛素分泌、控制血糖上升、缓解疲劳。

2014 年 Agenor Limon 通过 LC–MS/MS 检测牛磺酸发现，牛乳中含

有牛磺酸 97.4 μmol/L、骆驼乳中为 52.1 μmol/L、人乳为 202.9 μmol/L。随后钱浩等对新疆骆驼乳中牛磺酸的测定也发现牛乳牛磺酸（0.4～0.7 mg/100 g）与骆驼乳牛磺酸（0.48～0.7 mg/100 g）相近，但显著低于人乳（4.53～6.3 mg/100 g）和马乳（13.27 mg/100 g），见下表。虽然骆驼乳中牛磺酸含量并不高，但它和乳中其他营养成分和功能性成分（如免疫球蛋白、乳铁蛋白、溶菌酶、胰岛素等）相互协作，则可在骆驼乳的营养保健和对某些疾病的辅助治疗方面发挥积极作用。

不同乳样中 GABA、牛磺酸含量

组分	骆驼乳	牛乳	人乳	山羊乳
GABA(nM)	669.5	134.9	117.7	597.9
牛磺酸 (μM)	48.2	97.4	202.9	645.3

（数据源于 Agenor Limon. The endogenous GABA bioactivity of camel, bovine, goat and human milks, 2014）

（12）胰岛素和类胰岛素蛋白 / 类胰岛素生长因子——降糖活性物质

胰岛素是维持生物体稳定和自身血糖水平的最重要的激素，当胰岛素绝对或相对缺乏时，造成血液中葡萄糖的积聚，引起血糖升高。口服胰岛素可治疗糖尿病，好处是在不提高外围胰岛素水平的同时控制血糖量，并恢复内源胰岛素生理途径，降低高胰岛素血症，同时对于预防胰岛素拮抗引起的高血糖，以及并发症等方面有较好的效果，但其重要缺陷是在胃里酸性环境下易形成凝乳，部分降低了它的作用。骆驼乳中的胰岛素含量较高，1 L 中含有 45～128 IU，而等量牛乳的胰岛素含有仅为 16 IU。由于受到人体肠胃道消化液的影响，牛乳往往被胃酸凝固，在胃中停留时，造成其中胰岛素被蛋白酶等分解而失去活性；骆驼乳由于理化性质特殊，不与胃酸反应，并且在酶的作用下很难形成凝乳，使其能与胰岛素一起快速通过胃而到达肠道，即使少部分胰岛素被破坏，也有足够的量被吸收。

骆驼乳中含有一种富含半胱氨酸的蛋白质，其氨基酸序列与胰岛素蛋白家族极其相似，并推断这种类胰岛素蛋白和胰岛素一样，共同构成骆驼乳的降糖活性，成为类胰岛素蛋白质 / 类胰岛素生长因子。另外，牛乳类胰岛素生长因子 –I 的降糖活性已得到证实，而与牛乳相比，骆驼乳中含有更丰富的活性生长因子，包括类胰岛素生长因子。骆驼乳里的类胰岛素生长因子，是一种非常好的抗老化成分。它能够避免进食后血糖急速升高，使血糖趋于平稳，净化血液，促进血液年轻化。因此类胰岛素生长因子家族也被认为是骆驼乳发挥降糖功效的重要辅助因子之一。

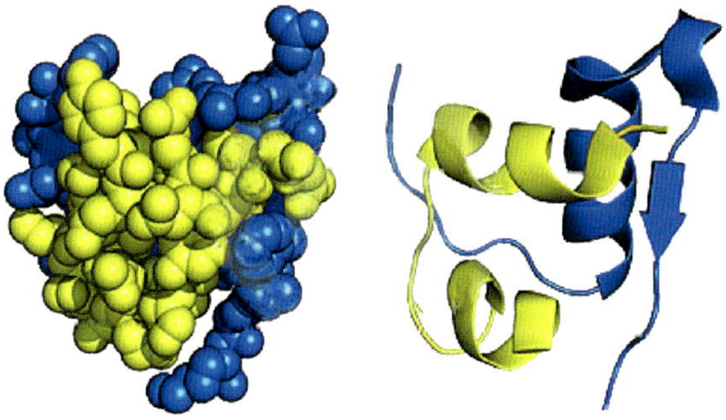

胰岛素结构图

（图片源自 www.dreamstime.com）

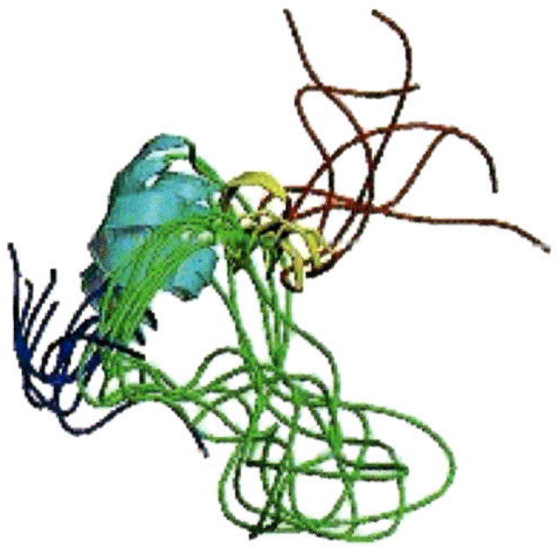

类胰岛素生长因子结构图

（图片源自 www.baidu.com）

目前认为，胰岛素抵抗是代谢综合征、Ⅱ型糖尿病、血脂异常、高尿酸血症、高血压、心脑血管病、多囊卵巢综合征、阿尔茨海默病及部分肿瘤等疾病发生的共同病理生理机制。因此，胰岛素抵抗能够预警糖尿病、脂代谢异常、尿酸排泄异常、高血压及动脉粥样硬化的发生，甚至后者所引起的心血管疾病的发生。

胰岛素是如何工作的？

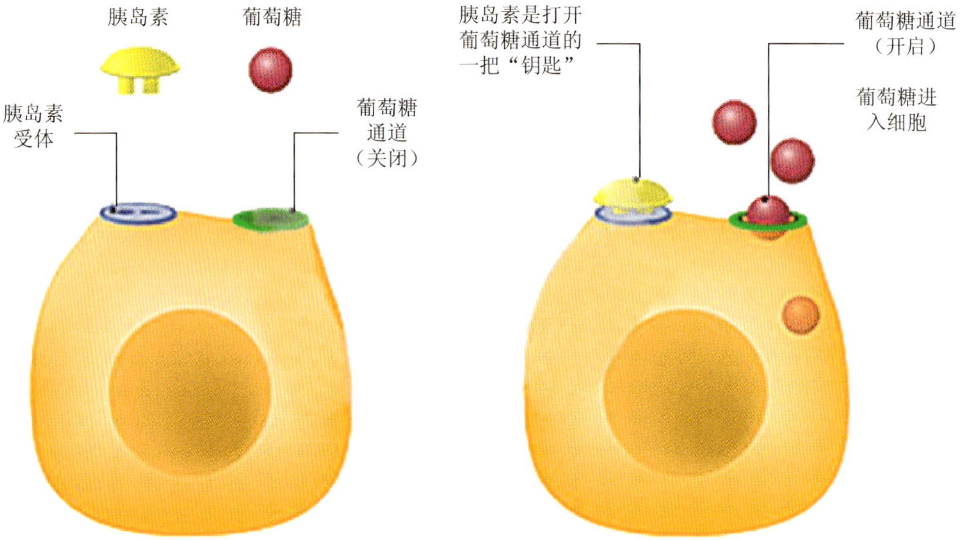

胰岛素工作图

（图片源自 www.dreamstime.com）

①胰岛素与糖尿病

糖尿病（diabetes mellitus, DM）是由遗传因素、免疫功能紊乱、能量摄入过多、自由基毒素、体力活动减少和精神因素等各种因素作用于机体，导致胰岛素绝对或相对缺乏以及不同程度的胰岛素抵抗（insulin resistance, IR）等而引发的糖、蛋白质、脂肪、水和电解质等一系列代谢紊乱综合征。根据新的分类法可将糖尿病分为：胰岛素依赖Ⅰ型糖尿病、非胰岛素依赖Ⅱ型糖尿病、妊娠期糖尿病和其他特殊类型。Ⅰ型糖尿病主要是因自身免疫功能异常导致分泌胰岛素的胰岛 β 细胞被自身免疫系统攻击破坏所引起；Ⅱ型糖尿病的主要病理基础

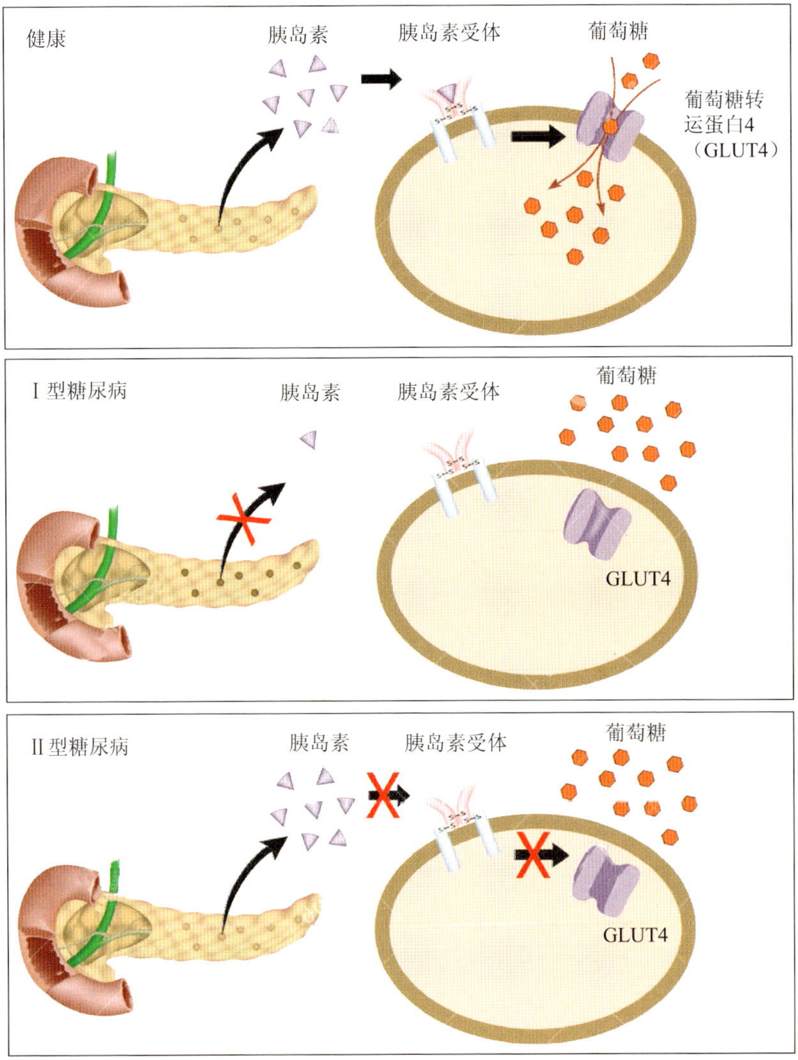

糖尿病类型

（图片源自 www.dreamstime.com）

是胰岛素抵抗，即机体对胰岛素的正常反应降低，主要引起病人机体内的糖、脂代谢紊乱。近些年来，由于生活水平的提高，饮食结构的改变，糖尿病患者的数目不断增加，成为威胁人类健康的“富贵病”。

目前，糖尿病治疗的手段主要以药物治疗、运动治疗和饮食治疗为主。药物治疗分为口服降糖药物治疗和胰岛素治疗。而口服降糖药物和长期注射胰岛素都会有不良反应的出现，如口服药物会引起过敏反应、乙醇不耐受和低血糖，胰岛素注射会出现注射部位脂肪萎缩、肥大、视力模糊等副作用。并且，现在糖尿病治疗的新概念提倡以调节糖、脂代谢为主，而不是单纯一味地降糖。这些使得药物和胰岛素在临床应用中受到很大的限制。

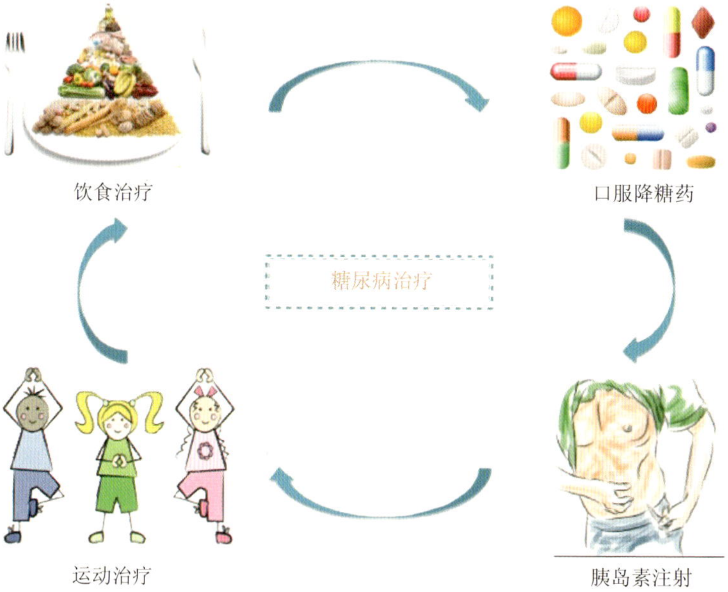

糖尿病治疗方法

自发现骆驼乳中高含量的胰岛素及类胰岛素，众多研究者开展了骆驼乳辅助治疗糖尿病的试验，并得到了良好的效果。2004 年，印度研究员 Kochar 带领的小组，通过 STZ 诱导糖尿病大鼠灌胃骆驼乳、牛乳和水的试验发现，灌胃 3 周后骆驼乳组的血糖水平由灌胃前的（191.33±7.46）mg/dL 降至（86.25±12.77）mg/dL，灌胃牛乳组的降至（110.0±9.97）mg/dL，灌胃水组的血糖水平仅降至（167.57±19.39）mg/dL，且 3 组的降糖率分别为 210%、141% 和 114%。2008 年，宋楠楠等通过实验得知，骆驼乳对糖尿病有辅助作用。2011 年王曙阳等通过动物实验和临床试验发现，利用骆驼乳作为药物辅助的病人使用药物量下降，也有几列患者在治疗数月之后便可不服用药物，仅饮用骆驼乳便可维持血糖水平。2014 年沙特阿拉伯 A. A. Korish 的团队进行动物实验发现，骆驼乳显著降低糖尿病引起的空腹血糖水平，降低血脂，缓减胰岛素抵抗，恢复胰岛素分泌，增加体重，并且在研究过程中无死亡。此外，骆驼乳还能抑制由糖尿病引起的肠促胰岛素激素，使 TNF-α 和 TGF-β_1 升高。由此推断，能够增加葡萄糖刺激胰岛素分泌、降低胰岛素抵抗、调节肠促胰岛素的分泌和抗炎作用是骆驼乳抗糖尿病作用的机理。因此，可将骆驼乳用于辅助治疗糖尿病。

② 胰岛素抵抗与多囊卵巢

多囊卵巢综合征（polycystic ovarian syndrome, PCOS）是育龄期女性最常见的一种复杂的内分泌及代谢异常所致的疾病，至今病因未明，发生率 4%～12%，甚至达 14.6%。PCOS 临床表现多样，常见月经异常（稀发或闭经）、多毛、痤疮、肥胖、不孕及卵巢呈多囊状改变，伴有肥胖，胰岛素抵抗，血脂异常等代谢紊乱，导致其发生代谢综合征、高血压、高血脂及心血管疾病、糖尿病等疾病的风险也有所增加。因此，PCOS 不仅是生殖内分泌紊乱性疾病，更是一种代谢异常疾病，而后者对健康的影响可能会贯穿患者的一生。据有关 PCOS 与胰岛素抵抗的研究证实，胰岛素抵抗是 PCOS 病理生理变化的关键环节，

65%～70% PCOS 患者存在胰岛素抵抗。目前常用二甲双胍、克罗米芬缓解 PCOS 患者的胰岛抵抗的同时并帮助患者促卵。基于骆驼乳的特性，PCOS 患者服用药物的同时，饮用骆驼乳应该可以达到更好的疗效，可帮助患者改善胰岛素抵抗。但尚未有相关的研究，有待验证。

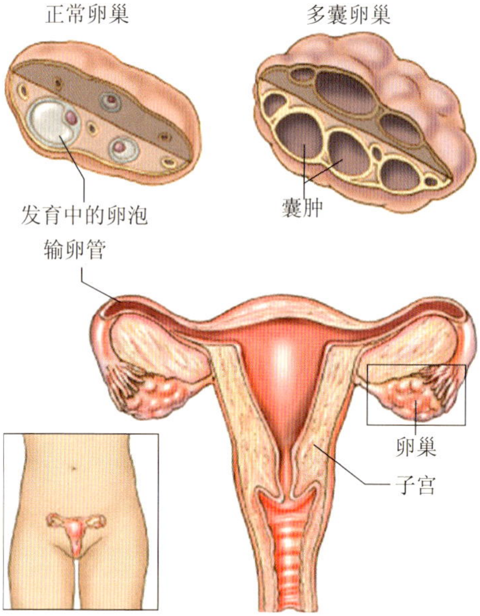

正常卵巢与多囊卵巢

（图片源自 www.dreamstime.com）

③ 胰岛素抵抗与肥胖

肥胖者的脂肪组织，特别是内脏脂肪被大量巨噬细胞浸润，而且巨噬细胞的含量与机体的肥胖程度呈正相关。这些巨噬细胞是炎性分子的主要来源。然而，几乎所有的炎性（或应激）信号都需与胰岛素受体信号协同作用，且所有这些应激或炎性应答都可能与胰岛素功能障碍有关，肥胖者的脂肪组织可分泌多种炎症因子和脂肪细胞因子、释放大量 FFAs、产生细胞应激。这些因素是系统炎性和胰岛素信号的重要调节因子，与胰岛素抵抗密切相关。炎性信号阻滞胰岛素信号转导。近年来的研究表明，TNFα、IL-6、IL-1α 和 IL-1β 等炎症因子在肥胖症患者的脂肪组织超表达，其血浆浓度也显著高于正常水平。它们通过激活 JNK、IKKβ、ERK1/2、PKC、S6K1 等炎性信号，诱导系统胰岛素抵抗。肥胖者可通过饮用骆驼乳改善胰岛素抵抗，防止因过度肥胖所引起的疾病。

胰岛素抵抗与肥胖

④ 胰岛素与阿尔茨海默病

阿尔茨海默病（AD）是一种起病隐匿的进行性发展的神经系统退行性疾病。临床上以记忆障碍、失语、失用、失认、视空间技能损害、执行功能障碍以及人格和行为改变等全面性痴呆表现为特征，病因迄今未明。65 岁以前发病者，称早老性痴呆；65 岁以后发病者称老年性痴呆。随着老龄化社会的到来，全球患痴呆的人口迅速增加。阿尔茨海默病是导致痴呆最常见的病因。几乎有 50% 的痴呆患者属于 AD，预计到 2050 年，阿尔茨海默病患者将达 1 亿人。

（图片源自 www.baidu.com）

AD 患者存在着代谢功能异常。脑的低代谢率是 AD 去掉早期的病理表现之一，早于任何神经精神测试所能发现的功能障碍以及影像学检查提示的脑萎缩，并且随着疾病的进展，患者的代谢障碍与其他生理疾病将持续恶化。研究表明，脑中含有较高水平的胰岛素，对神经元存在着神经营养作用。目前发现，脑内的胰岛素主要来自通过血脑屏障的外周胰岛素，同时中枢神经系统本身可以合成部分胰岛素，并通过钾通道和钙通道引起的细胞膜去极化而释放。胰岛素的合成主要位于椎体神经元（如海马，额前皮质，嗅球，内嗅皮质的椎体神经元）。脑内胰岛素水平高于血浆胰岛素 10～100 倍，且随着脑的发育过程而变化。De La Monte 等提出 AD 是一种“胰岛素抵抗的脑状态”或者可以被称为“Ⅲ型糖尿病”。进一步提示了脑内胰岛素通路异常在

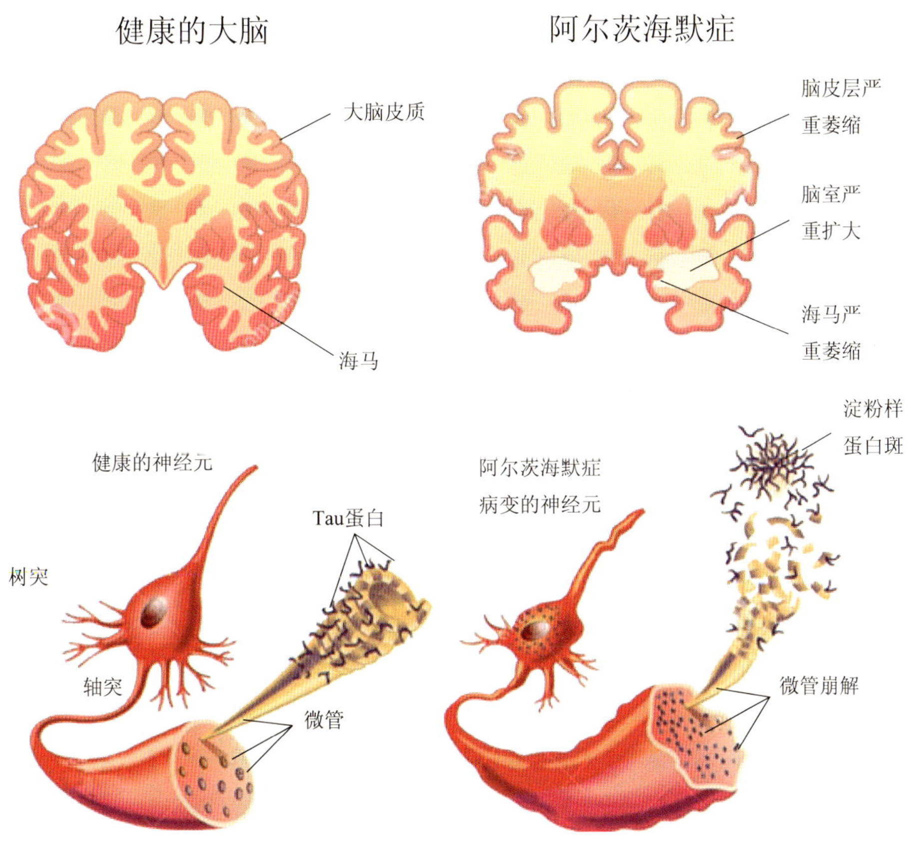

阿尔茨海默病的症状图

（阿尔茨海默病是一种神经退行性病变，临床上以进行性认知功能障碍为主要特征，其主要病理改变为细胞外形成老年斑、细胞内神经原纤维缠结。阿尔茨海默症患者的脑皮层、海马会出现严重萎缩，脑室严重扩大。此外，该病患者的神经元也会大量丢失。）

AD 早期就出现，并在 AD 的病程进展中起着重要作用。基于骆驼乳的特性，阿尔兹海默症患者可长期服用骆驼乳来缓解病情。

（13）维生素 C

骆驼乳中含有人体所需的各种维生素，虽然其含量较低，但对人体生理活动具有重要影响。乳中的维生素主要是脂溶性维生素，水溶性维生素含量较低。维生素 C 具有多种生物学功能，具体如下：

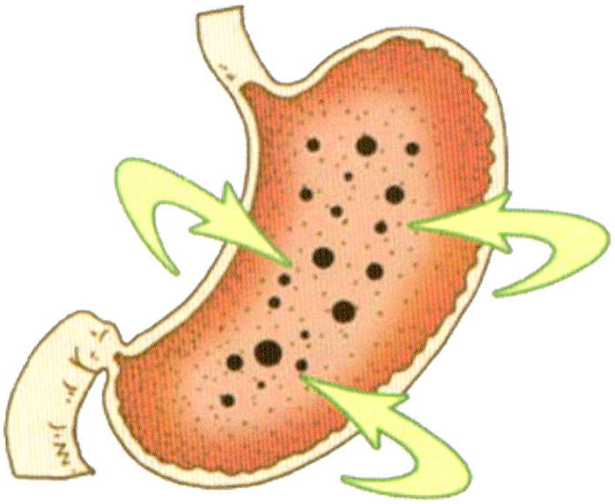

- 有效清除体内自由基和抗衰老的功效；
- 有助于铁的吸收和制造血红素防治贫血的功效；
- 能提高免疫、肾脏以及视网膜功能；
- 可以有效地预防感冒和心血管疾病；
- 具有促进血糖、血脂降低，增加胰岛素受体的敏感性的作用；
- 维生素 C 能有效地调节癌症患者的免疫功能；
- 对糖尿病及并发症有预防治疗的作用。

通过对不同畜乳中维生素含量的测定，发现骆驼乳中维生素 C 的含量高于牛乳，约为牛乳的 3 倍，人乳的 1.5 倍。100 mL 骆驼乳与等量牛乳的维生素 C 含量分别为 3.8 mg/mL 与 1.0 mg/mL。此外，研究发现骆驼乳的抗病毒和抗菌作用能抑制肺结核杆菌的繁殖，对肺结核的治愈具有显著的辅助疗效，长期服用骆驼乳可有效发挥其清肺功效。此外，对于缺乏蔬菜和水果的干旱地区，骆驼乳是珍贵的维生素 C 来源。所以骆驼乳除了能有效地预防和治疗各种疾病外，还对生活在缺乏蔬菜和水果的干旱地区人们用来补充维生素 C 也是十分重要的。

(14) 维生素 D

维生素 D 是人体必需的一种脂溶性维生素，人体自身不能合成，需要通过日光照射或食物摄入获得，并通过维生素 D 受体来发挥其主要作用。由于维生素 D 受体广泛存在于人体的多种组织细胞中，如骨骼肌细胞、心肌细胞、胰腺 B 细胞、血管内皮细胞、神经细胞、免疫细胞以及成骨细胞等，因此维生素 D 不仅具有调节钙磷平衡和维持骨骼健康的作用，还具有其他更为广泛的骨外生物学效应，如调节免疫、抗肿瘤、防治代谢综合征和保护中枢神经系统的功能等。缺乏维生素 D 会导致多种临床疾病。

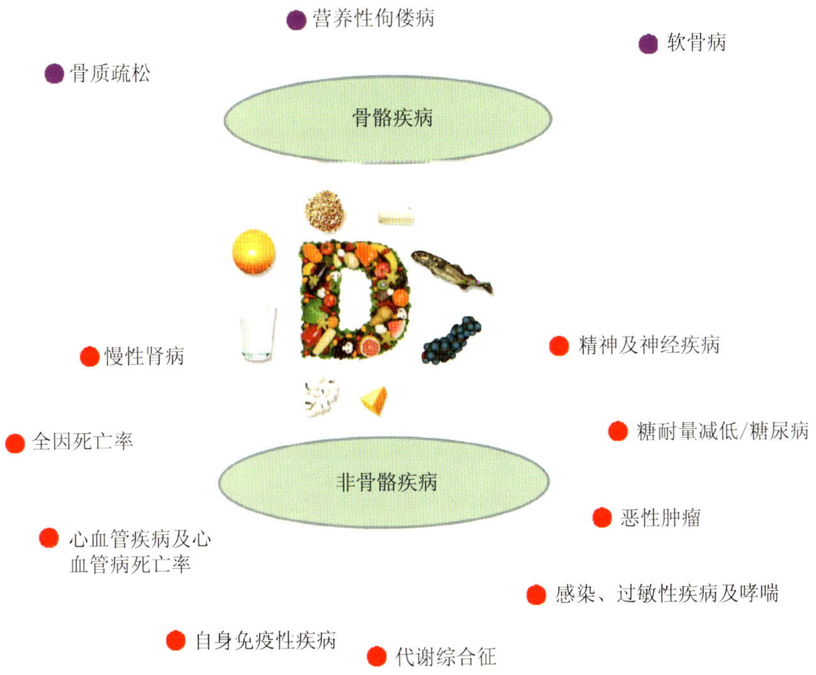

与维生素 D 相关的疾病

骆驼乳的维生素D含量为640～692 IU/L，高于牛乳的20～30 IU/L。因此，骆驼乳可以成为补充维生素D的理想饮品，并且长期饮用骆驼乳可以避免因维生素D水平降低而引起的各种疾病及其病发症。若能减缓因维生素D的缺乏而导致类风湿性关节炎的免疫紊乱加重的情况，可有效降低心血管疾病的死亡率，此外维生素D对多种恶性肿瘤也具有抑制作用。

(15) 核苷酸

核苷酸及其代谢产物在许多生物反应过程中起着非常重要的作用。由于核苷酸能够在体内合成，所以它并不是必需营养物质。但食源核苷酸对免疫系统，小肠的生长与发育，脂质的代谢和肝功能等大有裨益。术语“半必需”和“一定条件下必需”被用于描述食源核苷酸在人类营养物质中所扮演的角色。当体内供应不足以满足正常的功能

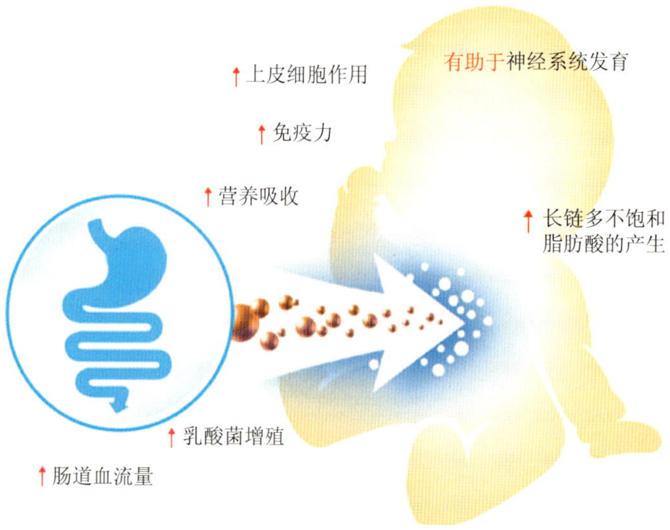

核苷酸生理功能

所需时，这些营养物质会变成必需的，但食物中缺乏也不会导致典型的临床缺陷综合征。但在某些病态时，这些营养物质将变得非常重要。外源核苷酸除了可以改变肠道微生物的生长及类型、促进肠道乳酸菌增殖之外，还对婴儿后期认知发育有一定的作用。因为核苷酸是乳中非蛋白氮（NPN）的组成部分，而骆驼乳中的非蛋白氮含量为(0.36±0.02)%，高于牛乳中的非蛋白氮含量（0.33±0.03)%。所以，骆驼乳比牛乳更适合作为日常补充核苷酸的天然饮品。

(16) 谷氨酸

谷氨酸是哺乳动物脑内含量最高的酸性氨基酸，参与蛋白质，多肽及脂肪酸的合成；与谷氨酰胺一起调节体内氨水平。并且是哺乳动物中枢神经系统内的主要神经递质，它在脑的发育过程和神经元的分化、迁移、生长和生存过程以及突触稳定性的维持和可塑性变化中起到了至关重要的作用。进而调节脑内的所有功能，包括学习、记忆、运动、认知和发育。众所周知，海马和皮质的颞叶周围的功能严重依赖于谷氨酸信号系统，这也是学习和记忆功能的基础，而且，海马结构和功能的改变会导致精神分裂症的发生。这些都提示谷氨酸信号传导系统与精神疾病的病理生理有着密切的关系。另外，谷氨酸能够对微管蛋白进行修饰和改变，调节细胞骨架的形成及功能。

研究发现，谷氨酸是双峰骆驼乳主要的非必需氨基酸，含量为21.27～22.26 g/100 g (pro)。骆驼乳作为补充谷氨酸的天然饮品，不仅对人体的神经及学习、记忆能力有益，还有助于睡眠。骆驼乳用于皮肤有抗皱纹的功效，可制成化妆品。骆驼乳中的谷氨酸可被头皮吸收，有生发、防脱发功效。

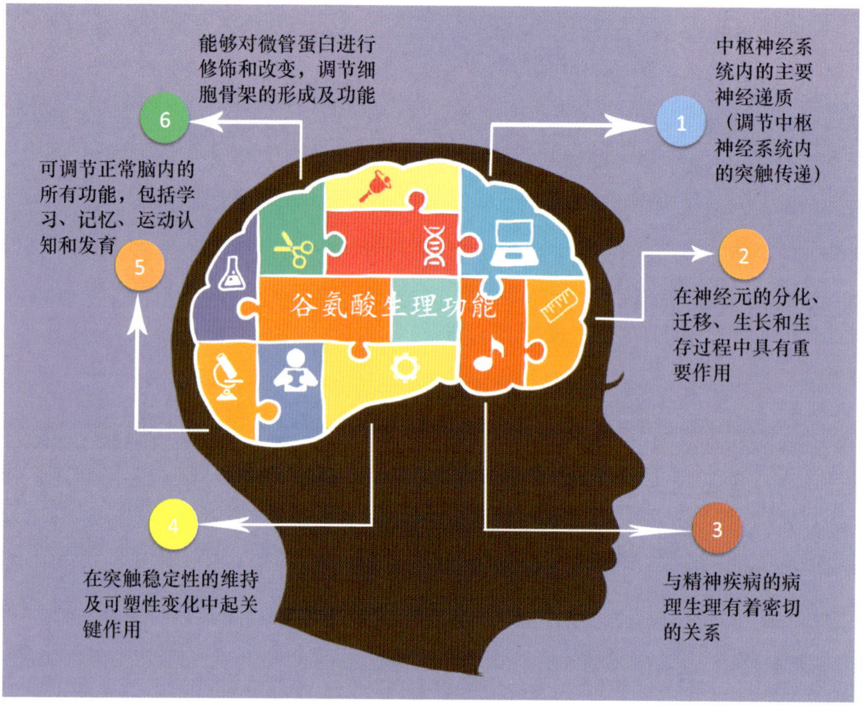

谷氨酸生理功能

（三）常喝骆驼乳的益处

骆驼乳富含不饱和脂肪酸、铁、B族维生素和维生素C等多种有益于人体健康的营养成分，具有补中益气之功效，主治脾气虚弱之食少便溏、四肢倦怠等症；用法用量：内服，热饮。

骆驼乳中含有大量有益因子主要表现在：骆驼乳中富含乳铁蛋白和溶解酵素，乳铁蛋白能吸附重金属离子，具有减轻重金属中毒效果且能稳定铁离子，还能促进肠黏膜细胞增殖，增强肠黏膜中巨噬细胞的吞噬功能，增强骨髓细胞的生成和机体黏膜免疫功能、增强机体补体系统活性和炎症反应、刺激溶菌酶再生、增强机体直接和间接免疫应答，增强免疫力等一系列生物活性。而相较于牛乳中其他乳清蛋白并无此功能，乳铁蛋白能够在体外抑制丙型肝炎病毒，并能阻止该病毒的复制，从而达到治疗肝炎的目的。乳铁蛋白具有抗结肠癌和其他癌症的功效，可以保护化学诱变的肿瘤，而且抑制肿瘤增长可能与诱导癌细胞的凋亡有关，因而有助于治疗癌症或艾滋病等免疫缺陷性疾病。骆驼乳中的乳过氧化物酶系统能够钝化许多微生物，抑制细菌生长繁殖或代谢活动，甚至可以杀死细菌，来增强人体免疫力；β- 酪蛋白，具有较强的抗变异原机制，能减少细胞的癌变；脂肪中适量的胆固醇成分，对于各种组织器官均处于生长发育期的婴幼儿更是不可缺少的；对防止动脉硬化，增强人体免疫系统功能，阻止肿瘤细胞增长；骆驼乳乳蛋白中含有一段类胰岛素片段，能够减轻糖尿病病情，且骆驼乳可对胰岛素 β- 细胞起到调节改善作用，使胰岛素功能得到恢复，降低血糖；对增强血液循环，促进利尿排毒，对肾脏疾病起到一定功效。

骆驼乳是一种有特殊疗效的膳食。它富含不饱和脂肪酸、铁、B 族维生素和维生素 C 等多种有益人体健康的营养成分，并且易被人体吸收，所以长期使用骆驼乳可增强体力及提高疾病预防能力。随着年龄的增长，人体内毒素的积累与肝脏的排毒速率将不再一致，从而导致衰老。骆驼乳中含有维生素 B_2 可提高视力，而骆驼乳中维生素 C 含量比其他乳类都多，依靠维生素 C 所具有的抗氧化作用，可达到延缓机体衰老的功效，维生素 C 的抗氧化和提高免疫力等作用也能有效地调节癌症患者的免疫功能。骆驼乳的抗病毒和抗菌作用能抑制肺结核杆

菌的繁殖，对肺结核的治愈具有明显的辅助疗效，如果长期服用会使骆驼乳的清肺功能发挥得更好。维生素C有助于铁的吸收，也有助于机体产生血红素防治贫血，铁铜元素和维生素A还具有美容功能，保持皮肤光滑、细腻。骆驼乳中含有大量维生素和钙元素。钙是促进人体骨骼健康的重要物质，是构成骨骼、牙齿的重要成分，而且对保持肌肉和神经系统的兴奋性意义重大，并在维持心跳节律、凝血、信号传导等过程中起着重要作用。大量活性钙有利于人体的吸收，能增强骨骼、牙齿，减少骨骼萎缩病的发病率，促进婴幼儿和青少年的智力发展和生理发育，钾可使动脉血管壁保持稳定，减少中风的发病率。钙离子还可调节许多酶的活性。儿童，特别是婴儿由于种种原因，很容易出现缺钙现象，如果长时间缺钙，就容易造成佝偻病。因此预防儿童佝偻病首先要保证钙的充足吸收，由于儿童体内维生素D缺乏所导致的钙吸收不足引起低钙血症，甚至“低钙惊厥”，是婴儿期常见病之一。骆驼乳中钙含量丰富，并且容易被消化吸收，能及时补充儿童所需的钙质，从而达到预防疾病的功效。骆驼乳能有效降低人体内的胆固醇含量。骆驼乳中含有大量矿物质，其中磷对促进婴幼儿大脑发育起着至关重要的作用。

另外，骆驼乳还可以用于治疗一些疾病。骆驼乳含有较丰富的微量元素，可以促进胃的正常分泌活动而无副作用。患慢性胆囊炎和胃分泌功能亢进时，也可服用酸骆驼乳，一般患者服用酸骆驼乳5～7天后，全身症状改善，食欲增强，睡眠正常，疾病综合症状减轻，常常

可以不用吃药就能得到预期的治疗效果。骆驼乳中不含β-乳球蛋白，不会引起过敏，经试验，8个食物过敏的儿童饮用骆驼乳后，过敏症状均得到了不同程度的改善。骆驼乳营养成分接近人乳，不含过敏成分，富含蛋白质，而且低糖低脂。

骆驼乳中含有乳糖，可促进人体对钙和铁的吸收，增强肠胃蠕动，促进排泄，而且可用于乳糖不耐症患者补充动物性蛋白质。乳糖是动物乳中所特有的一种双糖，由于其分子太大，进入小肠后必须在乳糖酶的作用下分解为单糖后才能被小肠吸收。当人体缺乏乳糖酶时，乳糖就不能被人体所吸收，而进入结肠，被结肠中的细菌发酵成小分子的有机酸，并产生一些气体，这些产物大部分被吸收，而不被吸收的物质和未被分解的乳糖可引起腹胀、腹痛、腹泻等症状，这些症状称为乳糖不耐症。这种现象主要由于体内缺乏乳糖酶。乳糖酶缺乏可分为3类：先天性乳糖酶缺乏、继发性乳糖酶缺乏和原发性乳糖酶缺乏。经研究表明，人们饮用骆驼乳后尚未发现有乳糖不耐症出现，因而对于乳糖不耐症的人群来说，用骆驼乳来补充动物性蛋白质不失为一种最佳选择。

三、骆驼乳神奇的医疗保健作用

在动物界，骆驼被认为是上帝创造的奇迹。而骆驼乳则被称为“乳中珍品”。营养医学专家们通过大量的临床观察研究发现，骆驼乳不仅有丰富的营养，还可预防某些疾病的发生。从非洲大峡谷到中亚，经常能听到人们关于骆驼乳可以治疗糖尿病、肺结核、胃溃疡、肠胃炎、癌症等的说法。

骆驼乳在疟疾、黄疸、肠胃疾病和咳嗽（肺炎）等疾病的治疗中发挥重要作用。饮用骆驼乳能有效控制肝硬化、佝偻病、哮喘和贫血等疾病的恶化，也可使胆道闭锁儿童的病情得到控制，并维持生命直到实施换肝手术。由于骆驼初乳具有通便的功效，因而也被称作“黑乳”。印度的研究文献报道了骆驼乳辅助治疗一些重大疾病，包括肺结核在内的医学价值。另外，骆驼乳还可作为患病康复的良好能量补充。在哈萨克斯坦，骆驼乳还可作为癌症化学疗法的辅助剂，尤其适用对于消化器官癌症。俄罗斯有许多医院给患者饮用骆驼乳来帮助治疗肺结核、节段性回肠炎和糖尿病，用量达到每天1 L。另外，发酵骆驼乳中，乳酸菌含量很高，能够有效抑制包括芽孢杆菌、金黄色葡萄球菌和大肠杆菌在内的病原菌，用来治疗一些胃肠道疾病。

（一）骆驼乳治疗炎症

在非洲北部和东部的一些国家，人们经常用骆驼乳治疗一些炎症和炎性伤口。骆驼乳的这种抗炎作用也已扩展到炎症治疗的各个方面。

1. 治疗肝炎

大量国外文献报道，慢性肝炎患者服用骆驼乳一段时间后肝功能会得到一定程度的改善。胆管闭锁的小孩如果只饮用牛乳会使身体状况更加恶化，在给予骆驼乳后状况会得以好转，这种结果极有可能与骆驼乳中含有极高的维生素 C 有关。而骆驼乳的乳铁蛋白也能够在体外抑制丙型肝炎病毒，并能阻止该病毒的复制，从而达到治疗肝炎的目的。

2. 治疗肺结核

骆驼乳的抗病毒和抗菌作用可能与其抑制肺结核杆菌的繁殖有关。当肺结核病人饮用骆驼乳后咳嗽、吐痰、气喘、胸痛的症状明显缓解，这说明骆驼乳对肺结核的治愈具有显著疗效，长期服用会使骆驼乳的清肺功能发挥得更好。

3. 治疗肠胃炎

骆驼乳在肠胃炎的治疗方面，有着其他乳制品无法替代的效果。

（图片源自 www.baidu.com）

胃溃疡患者服用发酵骆驼乳后治愈率为 57.5%，服用发酵牛乳后治愈率仅为 34.5%。俄罗斯研究人员也已经成功地应用发酵骆驼乳来治愈婴儿腹泻和消化道溃疡；发酵骆驼乳苏巴特一般被用作辅助治疗胃炎的食物给病人食用，病人每天服用 2 L 苏巴特，坚持服用 2～4 个月后健康状况明显好转。因此，胃病患者每天服用定量的苏巴特，能取得一定的辅助治疗效果。

（二）骆驼乳治疗肾病

骆驼乳中含有丰富的蛋白质、脂肪、矿物质和各种维生素，除了能给患者提供丰富的营养外，更重要的是还可以增强血液循环，促进利尿排毒。传统医学书中记载，患肾病的人在春季每天饮用双峰骆驼乳对身体健康有一定益处，同时对肝胆胃肠疾病也有一定疗效。

蒙古国戈壁阿尔泰省贝格尔有一所双峰骆驼乳肾病疗养院，它是世界上少数几个应用骆驼乳和酸骆驼乳进行肾病治疗和科学研究的工作机构之一。每年接待 350～400 名世界各地的肾病患者。骆驼乳蛋白质含量高，而且含有多种活性蛋白质，其中含有大量的诸如溶菌酶、乳铁蛋白和免疫球蛋白等在内的保护性蛋白质，对治疗肾病起着重要的作用。骆驼乳中烟酸和维生素 C 的含量高于牛乳，维生素 B_6、维生素 B_{12} 的含量与牛乳相同，维生素 A、维生素 E、维生素 B_1、维生素 B_2、叶酸含量较牛乳高，同时骆驼乳中具有丰富的矿物质，这对于到贝格尔双峰骆驼乳肾病疗养院疗养的患者十分重要。根据骆驼乳肾病疗养院 8 年的数据统计，肾病患者的腰酸腿疼、全身无力，易疲劳等症状在服用骆驼乳后均有显著改善，患者肾病的治愈率为 63% 左右。蒙古国科学院对当地土壤、植被、空气进行系统的研究，并没有发现特别之处，因此得出骆驼乳与肾病患者的治愈率有直接关系。由此可以看出骆驼乳在肾病的治疗方面也有积极的效果。

内蒙古农业大学乳品科学与技术教育部重点实验室王晶等在蒙古国戈壁阿尔泰省贝格尔疗养院通过初步评价骆驼乳对肾病患者尿液成分的影响，随机选择了在疗养院进行疗养的 73 位肾病患者。经过对患者进行 10 天的跟踪研究，通过对疗养前后肾病患者尿液指标的比较研究发现，骆驼乳对尿比重、尿酸碱度、尿蛋白、尿糖有不同程度的影响。从肾病患者尿液成分的变化可以大概推断患者病情的变化，因为尿液在一定程度上可以表明肾脏病变的情况。73 位肾病患者当中有 34 位患者病情得到了明显的改善，疗养院肾病患者们普遍认为，喝骆驼乳对肾病有辅助治疗作用，骆驼乳具有潜在的医疗作用。并分别以 5 mL/kg 和 10 mL/kg 双峰驼骆驼乳灌服腺嘌呤所致慢性肾功能衰竭（CRF）大鼠，28 天后发现，骆驼乳可缓解 CRF 大鼠的一般情况，减缓大鼠尿蛋白的丢失，缓解肾功能的恶化，调节电解质；可降低大鼠血肌酐、尿素氮水平，保护肾功能；可调节大鼠血清总蛋白、NO 水平，提高 SOD 水平，加强对体内自由基的清除作用；从病理观察可见，在一定程度上缓解了肾单位的恶化；在其效果上比较，骆驼乳高剂量组优于低剂量组，在一定程度上对 CRF 的恶化起到了延缓作用。有人初步探讨骆驼乳对慢性肾功能衰竭大鼠的干预作用，结果表明，此结果与骆驼乳中的营养成分及功效因子密切相关。骆驼乳不仅营养价值高，还富含多种保护性蛋白，在机体的抗病机制方面也起着重要的作用。因此长期饮用骆驼乳可预防和防止患肾脏疾病的危险，对肾病患者来说，骆驼乳不失为一种对其病情有益的天然饮品。

（三）骆驼乳治疗糖尿病

骆驼生活在戈壁沙漠环境，食物缺乏，有时饱，有时饿，偶尔几天甚至几个星期不吃食物。恶劣环境造就了骆驼抗糖尿病的自身机制。大量科学证据表明，定期饮用骆驼乳是治疗糖尿病的最适宜方法。研究表明，骆驼乳能够成功地稳定年轻人糖尿病的病情，归因于骆驼乳蛋白中存在的一段类胰岛素片段。糖尿病患者每天饮用 1 L 骆驼乳之后，对胰岛素需求量下降，血糖水平趋于平衡。人类 I 型糖尿病临床实验已经证明，患者每天饮用 0.5 L 骆驼乳，将使胰岛素治疗用量平均减少 30%。桑其尔等为了探讨驼奶对Ⅱ型糖尿病的预防及治疗作用，采用高脂高糖饮食加低剂量 STZ 注射诱导Ⅱ型糖尿病大鼠模型。并通过对其给药前后体重及空腹血糖值的变化和进一步的口服葡萄糖耐量（OGTT）实验、测定血清胰岛素水平（FINS）、餐后 2 h 血糖值、血清生化指标等来评价骆驼乳对糖尿病的预防及治疗作用。结果可以看出，连续摄入骆驼乳可以控制Ⅱ型糖尿病的高血糖，并能调节和控制其血脂代谢，使其各项指标趋向正常值，因此连续摄入骆驼乳可以控制Ⅱ型糖尿病大鼠的高血糖，并调节和控制其体重、对大鼠糖耐量和丙二醛等测定指标趋向正常值。以色列和德国的比较生理学研究也表明，骆驼乳具有明显的抗糖尿病特性。研究者走访以色列贝多因，发现许多饮用骆驼乳治疗糖尿病的事例，甚至有些病例在胰岛素治疗失败后，通过饮用骆驼乳使年轻的糖尿病患者病情趋于稳定。对骆驼乳成分的分析表明，骆驼乳中含有一定量的降糖功效因子，能够对糖尿病的血糖水平以及血清中的其他成分起到调节作用。

1. 骆驼乳中降糖生理活性成分

胰岛素：胰岛素是生物体稳定自身血糖水平的最重要的激素，当胰岛素绝对或相对缺乏时，机体的组织、器官和细胞就无法有效地利用葡萄糖，从而造成血液中葡萄糖的积聚，引起血糖升高。通过口服胰岛素来进行糖尿病治疗的动物和人体试验，均已表明口服胰岛素的有效性，但其最大缺陷是在胃部的酸性环境下形成凝乳，因此中和了胰岛素的作用。骆驼乳常乳中的胰岛素含量较高，1 mL 骆驼乳中含有

52 个微单位的胰岛素，而等量牛乳的胰岛素含量仅为 16 个微单位。

类胰岛素生长因子/类胰岛素蛋白：骆驼乳中还含有一种富含半胱氨酸的蛋白质，其氨基酸序列与胰岛素蛋白家族极其相似，并推断这种胰岛素蛋白与胰岛素类似，但这种蛋白质不被胃酸分解破坏，共同构成骆驼乳的降糖活性因子。另外，牛乳类胰岛素生长因子 IGF-1 的降糖活性已得到许多研究者的证实；而与牛乳相比，骆驼乳中含有更丰富的活性生长因子，包括类胰岛素生长因子，因此类胰岛素生长因子家族也被认为是骆驼乳发挥降糖功效的重要辅助因子之一。

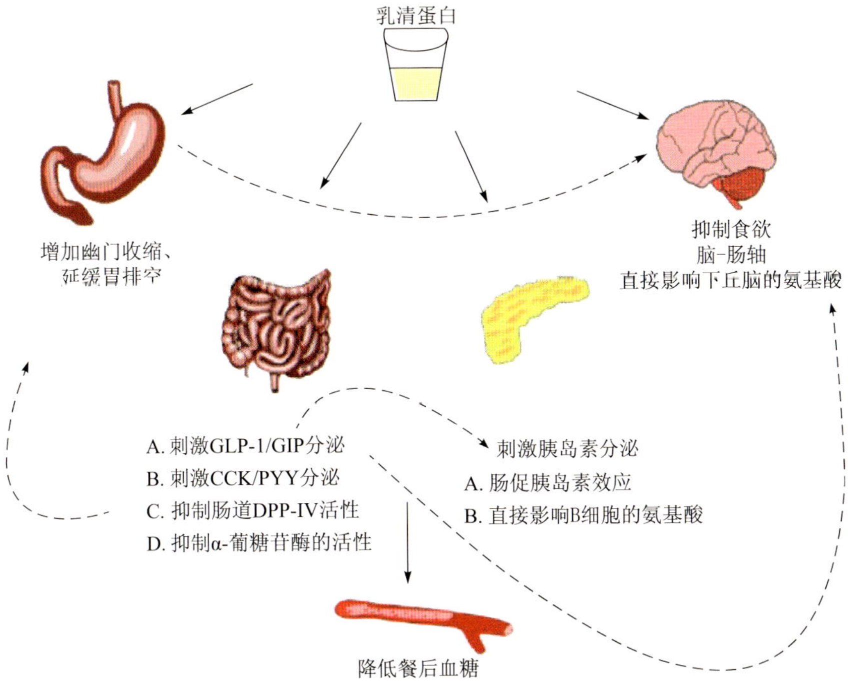

乳清蛋白对餐后血糖的调节作用

（图片源自 L E Mignone. Whey protein: The “whey” forward for treatment of type 2 diabetes?, 2015）

免疫球蛋白：骆驼乳中的免疫球蛋白含量与牛乳相近，但其生化结构在动物中却相当独特，该免疫球蛋白体积和质量相对较小，因此有可能与宿主细胞蛋白发生相互作用，进而诱导细胞调节，最终导致糖尿病患者胰岛 β 细胞功能的恢复。

环氧二十碳三烯酸（EETs）：EETs 通过各种途径对心血管系统起到保护作用，调节血管张力，改善冠脉循环，影响信号转导，并对糖尿病及其他代谢性疾病提供了内在的保护机制。糖尿病患者的内皮依赖性血管舒张功能下降，表现在内皮相关舒血因子生成减少、缩血管因子生成增加及血管对这些物质反应性改变。Ⅱ型糖尿病患者舒血管因子 NO、PGI2 降低，缩血管因子 ET-1、TXA2 增加。老年糖尿病患者血清 14，15-DHET 含量下降，早期会有血管内皮合成释放舒血管因子 EETs 和 PGI2 减少，缩血管因子 TXA2 增加等现象。此外，研究证明，花生四烯酸的细胞色素 P450 表氧化酶代谢产物 EETs 是人冠状动脉主要的内皮依赖性超极化因子。国内外许多学者的研究结果表明，EETs 有强大的舒血管功能，在调节心血管系统稳态中发挥着积极的调节作用，因此，EETs 在糖尿病的预防调控方面有重要作用。

研究结果显示，在人和大鼠的胰岛细胞上存在着细胞色素 P450 氧化酶（CYP2J），胰岛能产生细胞色素 P450 氧化酶产物 EETs，从而刺激胰岛素和胰高血糖素的释放。其中 5，6-EETs 能刺激胰岛素的分泌，而其他异构体如 8，9-、11，12-、14，15-EETs 能刺激胰高血糖素的分泌。EETs 对胰岛素的促分泌作用机制是由于其对 Ca^{2+} 内流进入细胞具有调节和激活的作用，使细胞内 Ca^{2+} 浓度升高，从而促进胰岛素分泌，这提示 EETs 在胰岛 β 细胞的兴奋——分泌偶联过程中具有重要的生理作用。但是，EETs 对胰高血糖素的促分泌作用及其机制目前仍不清楚。

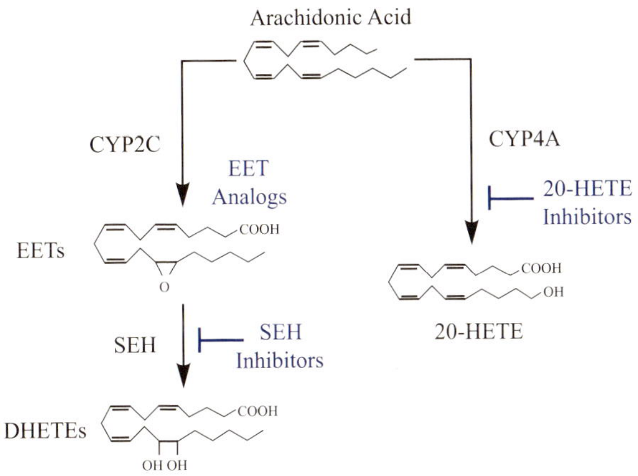

花生四烯酸 CYP 途径代谢示意图

（图片源自 John D. Imig, Epoxyeicosatrienoic acids, 20-hydroxyeicosatetraenoic acid, and renal microvascular function, 2013）

Xu 等在 CPY2J3/EETs 与胰岛素抵抗关系研究中发现，CPY2J3/EETs 可促进葡萄糖的吸收和改善胰岛素抵抗。研究还发现，通过 CPY2J3 的过表达可增加 EETs 的产量，提高 EETs 的调节作用，改善葡萄糖稳态，抑制胰岛细胞凋亡，从而能够避免发生糖尿病等代谢性疾病或延缓糖尿病的进一步恶化。CYP2 和 CYP4 之间的相互作用形成了一种代谢模块，通过这种代谢模块可维持体内 EETs 和 20-HETE 的浓度及比例的平衡，从而为哺乳动物提供免受糖尿病和其他代谢性疾病的保护机制。吉日木图等绘制双峰驼全基因组序列图谱时，发现骆驼基因组的细胞色素 P450 超家族中 CYP2J、CYP4A 和 CYP4F 亚家族基因的数目与其他哺乳动物之间有显著差异，骆驼有 11 个拷贝数的 CYP2J 基因，多于

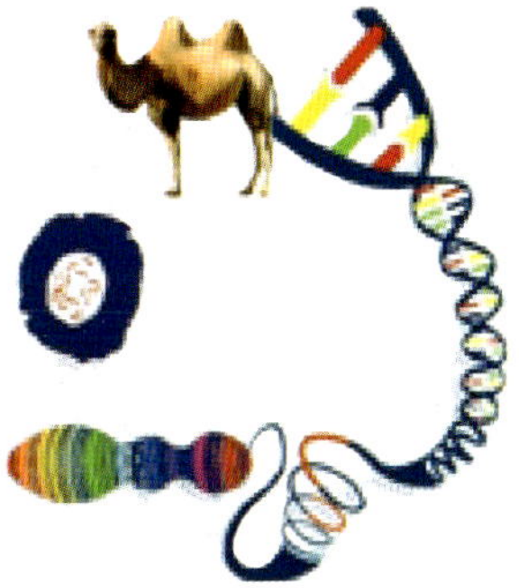

牛和人；此外，骆驼只有 1 个拷贝数的 CYP4A 和 2 个拷贝数的 CYP4F 基因，少于牛和人。骆驼血环氧二十碳三烯酸的总浓度远远高于牛和人，这表明骆驼具有独特的细胞色素 P450/EETs 系统。骆驼在长时间的进化过程中，通过分别扩大和降低 CYP2 和 CYP4 基因的拷贝数，从而建立了独特的 CYP2-CYP4 代谢模块，并通过此模块来维持血液中高浓度的 EETs 和适当比例的 20-HETE/EETs，耐受高血糖，进而使它们免受高血糖有关的代谢综合征，为自身提供一种内在保护机制。因此，骆驼产品，尤其含有高浓度 EETs 的骆驼乳，将为糖尿病的预防与治疗带来新的曙光，为临床治疗人类某些重大疾病发挥其不可替代的作用。

2. 抗糖尿病的临床实验

I 型糖尿病目前的治疗方法主要是补充胰岛素。然而即使是补充了胰岛素，糖尿病人的代谢紊乱也无法恢复正常。虽然目前胰岛素注射仍然是 I 型糖尿病最好的治疗方法，但在许多国家由于治疗费用的压力，有些病人则采取传统治疗方法。人类 I 型糖尿病临床实验已经证明，患者每天饮用 0.5 L 的骆驼乳将使胰岛素治疗量平均减少 30%。同时，骆驼乳不仅可以减少 I 型糖尿病患者对胰岛素的依赖性，还能延缓耐药性的产生。

Ⅱ型糖尿病主要病理是机体对胰岛素的正常反应降低，导致血液中的胰岛素水平远远高于正常人，这主要是由于病人机体内的脂代谢紊乱引起的，因此对于Ⅱ型糖尿病的治疗是以调节脂代谢为主，而不是单纯的降糖。用骆驼乳和马来酸罗格列酮（胰岛素增敏剂）联合治疗Ⅱ型糖尿病比单独使用马来酸罗格列酮疗效更好，且患者使用更加方便，也有利于骆驼乳在实践中得到更为广泛的应用。

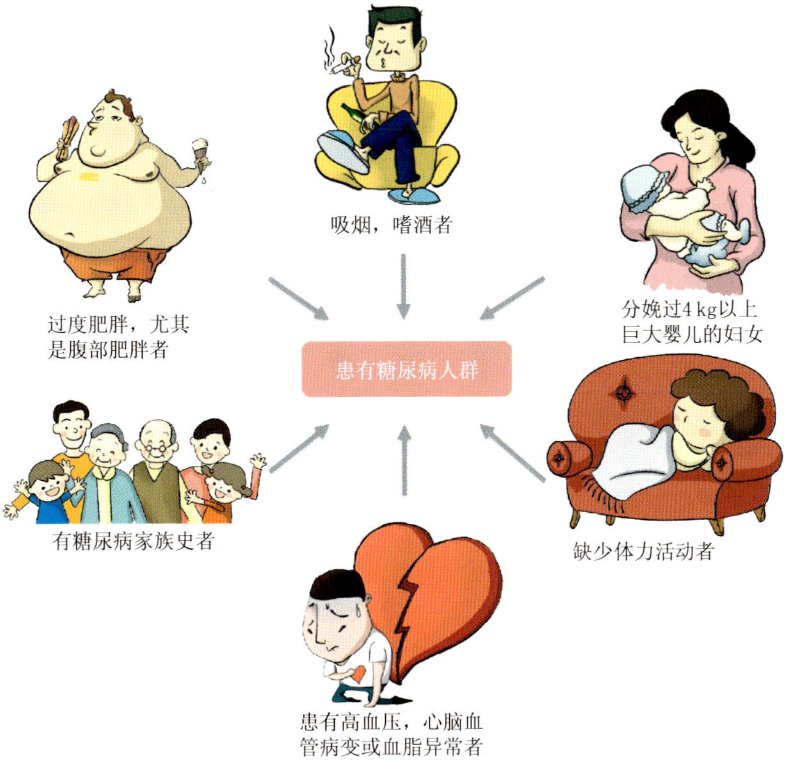

桑其尔等进行骆驼乳对Ⅱ型糖尿病的实验，结果表明骆驼乳能缓解体重的异常降低、降低血糖、调节和控制血脂代谢、能有效改善糖尿病机体的细胞损伤。

Isa等实验结果表明骆驼乳能明显降低糖尿病大鼠血糖，维持糖尿病大鼠体重不变。

Korish等研究发现骆驼乳能改善高血糖，抑制纤维蛋白原消耗并能恢复血小板聚集。

Meena等通过对骆驼乳、山羊乳、水牛乳和牛乳干预Ⅰ型糖尿病大鼠的实验，发现只有骆驼乳可以改善胰腺氧化损伤并使胰岛素恢复到正常水平。

（四）骆驼乳的防癌抗癌作用

科学家认为骆驼乳是有助于治疗癌症或艾滋病等免疫缺陷性疾病的理想饮品。骆驼乳中的不饱和脂肪酸和钙有抑制肿瘤的潜在功效。骆驼乳中的乳铁蛋白作为一种天然乳成分，具有抗化学结肠癌和其他癌症的潜在功效，骆驼乳中乳铁蛋白的含量显著高于牛乳，乳铁蛋白能促进肠黏膜细胞的增值，调节肠黏膜中巨噬细胞的吞噬能力，提高机体免疫力。

骆驼乳的防癌抗癌作用在近几年有了初步的研究，发现黄曲霉毒素 B_1 可引起肝脏和肾脏的病理及生化改变，用骆驼乳治疗可以有效地对抗黄曲霉毒素 B_1 的致癌作用。

王初一对苏尼特双峰驼鲜骆驼乳的抗肿瘤作用及其对荷瘤小鼠免疫功能的影响进行研究以 H22 肝癌小鼠为模型，观察苏尼特鲜骆驼乳的抗肿瘤效果，并对小鼠免疫学指标进行测定。结果显示：苏尼特双峰驼鲜骆驼乳对 H22 肿瘤细胞的生长有一定的抑制作用，并能显著增加荷瘤小鼠的脾指数与胸腺指数，增强巨噬细胞吞噬功能，使小肠 Payer’s 结、小肠黏膜 sIgA 和 CD3 明显增加。表明苏尼特双峰骆驼乳具有抗肿瘤和增强荷瘤小鼠免疫功能的作用。

郭建功等为了观察苏尼特双峰驼自然发酵骆驼乳对小鼠腹水型肝癌 H22 细胞的细胞周期变化的影响，采取小鼠接种肿瘤前 4 天给予苏尼特双峰驼自然发酵乳，接种肿瘤后继续按预定剂量给予 12 天的方法进行试验，然后计算抑瘤率、脾脏指数、胸腺指数，增殖细胞核抗原

(PCNA) 表达率，并用流式细胞仪检测肿瘤细胞周期变化。结果表明，苏尼特双峰驼自然发酵乳高剂量组的抑瘤率为 35.83%，中剂量组为 31.94%，低剂量组为 15.56%；脾脏指数、胸腺指数都显著提高（$P < 0.01$）；苏尼特双峰驼天然发酵骆驼乳对小鼠 H22 肝癌肿瘤组织的 PCNA 表达有下调作用，可阻止肿瘤细胞的增殖，抑制其生长。流式细胞仪检测发现，苏尼特双峰驼自然发酵乳可使肿瘤细胞的细胞周期阻滞在 S 期。表明苏尼特双峰驼自然发酵乳在体内有抑瘤作用，其机制与提高机体免疫力，使细胞周期阻滞并继而诱发凋亡有关。因此骆驼乳成为现代癌症病人放疗、化疗后的高级补品，得到专家食药同源理念的推崇。

（五）骆驼乳的抗疲劳作用

骆驼乳为养驼区重要的食品来源，人们很早就将其用于养生、保健和治疗上。《饮膳正要》记载："骆驼乳性温，味甘。有补中益气、强筋壮骨。治脾气虚弱、腹泻、四肢痿肢的功效。"《本草纲目》记载："驼乳，甘，冷，无毒。入脾、心、肝三经。"按照中医取向比类的理论，作为功能性食品的骆驼乳具有良好的抗疲劳功效。

何俊霞对骆驼乳的抗疲劳作用进行了初步的研究：将骆驼乳以不

同的剂量灌胃小鼠，30 天后记录小鼠爬杆和负重游泳时间，并测定全血乳酸。肝糖原、血尿素氮含量是与疲劳有关的生理指标。实验结果表明：不同剂量的骆驼乳均能延长小鼠的爬杆和游泳时间，降低运动后血乳酸和血尿素氮的含量，提高肝糖原的储备量。骆驼乳对静止状态下小鼠体内的血乳酸积累有显著的缓解作用，可以缓解血乳酸的堆积，从而降低机体疲劳的发生及程度。因此骆驼乳具有一定的延缓疲劳的作用，其中高摄入量组作用效果最好，因此定期定量饮用骆驼乳，会有良好的抗疲劳作用。

在体育运动或劳动中，人体处于一种高强度的应激状态，身体及生理各部位均积极响应以维持或平衡“运动”的需要。运动中人体生理变化主要表现在能源物质消耗、水分损失、电解质损失、乳酸堆积、自由基损伤和内环境紊乱等方面。骆驼乳中绝大部分是水，其蛋白质中的必需氨基酸含量都高于 FAO/WHO 的推荐量。骆驼乳脂肪的一个显著特征就是不饱和脂肪酸的比例非常高，维生素种类也很丰富，尤其是维生素 C 和烟酸的含量远远高于牛乳。其矿物质中钙、磷比例合理，接近 2∶1，极易被人体吸收和利用。综上所述，骆驼乳更适合人体代谢，是缓解疲劳的佳品。

哈萨克斯坦、蒙古国、俄罗斯的摔跤运动员用骆驼乳作为能量补充剂，在

比赛过程中可有效地缓解疲劳。

（六）骆驼乳治疗女性疾病

骆驼乳对怀孕和产后的女性的各种妇科疾病均有一定的治疗作用。骆驼乳可高效快速地补充营养而不会给身体造成负担，孕妇由于出现反胃等各种原因而饮食不正常会导致孕妇及胎儿出现营养不足、贫血、缺钙等症状，适当地饮用骆驼乳可促进孕妇的血液循环，调节胃肠道消化功能并补充充足的营养。

（七）骆驼乳与乳糖不耐症

乳糖是动物乳中所特有的一种双糖，由于其分子较大，进入小肠后必须在乳糖酶的作用下分解为单糖才能被小肠吸收。当人体内缺乏乳糖酶时，乳糖不能被人体吸收，而进入结肠，并被结肠中的细菌发酵成小分子的有机酸并产生一些气体。这些产物大部分被吸收，不被吸收的物质和未被分解的乳糖可引起腹胀、腹痛、腹泻等症状，这些症状称为乳糖不耐症。乳糖酶缺乏是指小肠刷状绒毛膜细胞的膜结合酶即乳糖酶活性低下。乳糖酶缺乏可分为 3 类：先天性乳糖酶缺乏、继发性乳糖酶缺乏和原发性乳糖酶缺乏。

目前，人们饮用最普遍的动物乳为牛乳，而有很大一部分人饮用牛乳后都有乳糖不耐症发生，这是牛乳饮用普及过程中遇到的重大难题。虽然有人提出了一些解决方法，但只是针对一部分人群，对于广大的乳糖不耐症患者来说是不可行的。在人们目前所饮用的动物乳中，出现乳糖不耐症概率最大、反应最强烈的应属马乳；而基本没有乳糖不耐症出现的是骆驼乳。人们在饮用骆驼乳后，没有发现有乳糖不耐症的案例，至于其中的机理现在尚未明确。许多对牛乳发生乳糖不耐症的人在饮用骆驼乳后未出现乳糖不耐症。因此，对于牛乳有乳糖不耐症的人群来说，骆驼乳不失为一种最佳选择。

（八）骆驼乳的低敏作用

对于新生婴儿而言，母乳是其最好的营养品。但是对于一部分婴儿而言，由于产妇产后奶水不足，达不到母乳喂养婴儿的要求，因此需要豆奶或牛奶作为替代品。调查显示，目前有 10%～20% 的儿童对牛乳过敏，并且存在部分儿童不喜欢豆类衍生品的现象。所以必须寻找一种豆奶和牛奶的替代品来满足人类需求。

近年来，研究发现 β-乳球蛋白是引起婴幼儿过敏的主要过敏源。据相关报道，母乳乳清蛋白中含有较高的 β-酪蛋白和较低的 α_s-酪蛋白与少量的 β-乳球蛋白。但牛乳的乳清蛋白成分与人乳恰恰相反，牛乳含有较高 α_s-酪蛋白和 β-乳球蛋白，而 β-酪蛋白较少，这是导致部分人群对牛乳致敏的主要原因。

El-Agamy 等通过研究发现骆驼乳中 β- 乳球蛋白含量明显低于牛乳，因此与牛乳相比，骆驼乳具有较低的致敏性。并且对不同畜乳乳清蛋白的组成检测分析发现，骆驼乳中乳清蛋白含量明显高于人乳和牛乳，这说明骆驼乳更易于消化，适于老年人、儿童和疾病患者饮用。因此，对于牛乳过敏的消费者而言，骆驼乳也许是一种很好的替代品。

（九）骆驼乳与自闭症

最新版的美国精神疾病诊断及统计手册第五版（Diagnostic and Statistical Manual of Mental Disorders-V, DSM-V）已将自闭症的核心症状归结为社交障碍，沟通困难，有限、重复和刻板的行为。自闭症谱系障碍（autism spectrum disorder, ASD）是这类疾病的总称，较严重的状况称为自闭症或经典自闭症谱系障碍，其他的类型有阿斯伯格综合征（Asperger syndrome）、儿童期分裂障碍（childhood disintegrative disorder）和非特异的广泛性发育障碍（pervasive developmental disorder not otherwise specified, PDD-NOS）等。自闭症由环境、生物和遗传因素等共同作用引起。据美国疾病控制与预防中心统计，截止到 2010 年，美国 8 岁的儿童中每 68 人中就有一人患有 ASD，并且男性患病比例约为 1/42，是女性的 4～5 倍。而 2013 年的报告显示，在 6～17 岁的孩子中每 50 个孩

世界自闭症关注日 4 月 2 日

子中就有 1 个患有自闭症，增长趋势十分明显。来自不同国家的统计表明，自闭症在总人口的患病比例可达 2% 甚至更高。然而，目前我国还缺乏官方的统计报告，据世界卫生组织统计，中国大陆的自闭症儿童数量为 60 万～180 万人，有学者则认为实际数量可能达到 260 万～800 万人。自闭症已经成为儿童精神类致残的重要疾病，随着发病率的升高，正在持续给家庭和社会带来巨大的经济负担和社会压力。

自闭症征兆

自闭症患者通常伴有肠道异常和肠道菌群异常。并且自闭症患者摄入维生素 B_6、维生素 B_{12}、维生素 E、维生素 D 和维生素 C、微量元素镁、铁、锌和钙以及叶酸等严重不足，明显低于推荐摄入量。而且自闭症儿童的这种饮食特点并不是在患病之后才出现的，往往是从婴儿时期就已经开始并持续到完全康复时期。

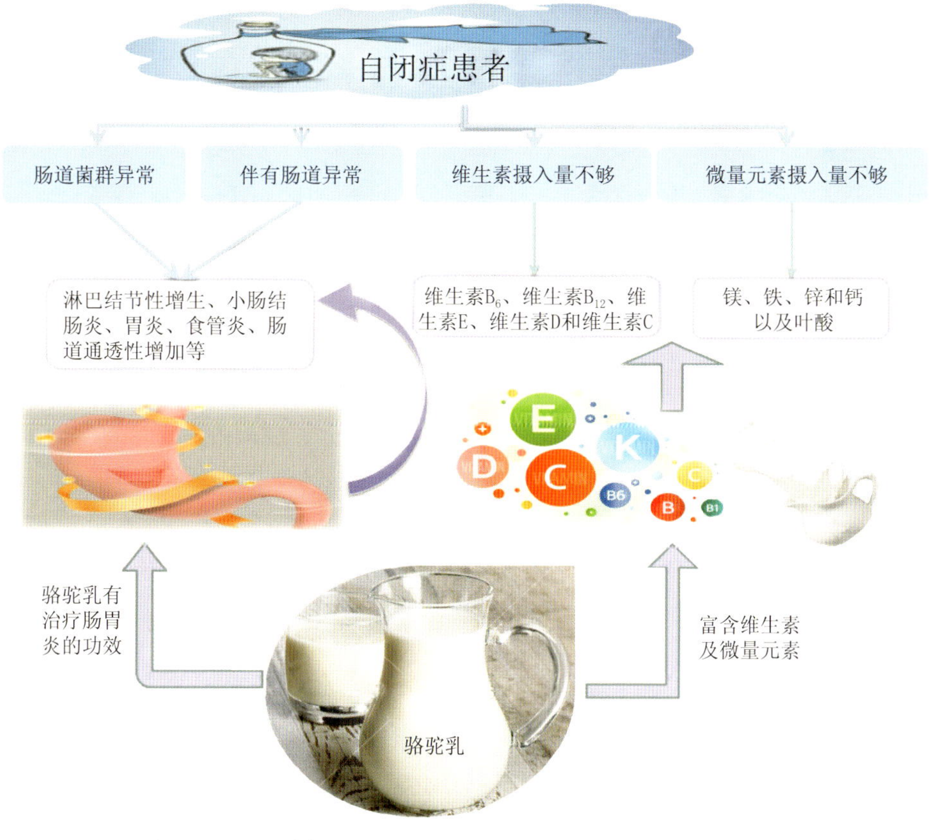

骆驼乳可以减轻自闭症患者肠道及其菌群异常的症状，
同时补充丰富维生素和微量元素。

目前，还没有治疗自闭症核心障碍的有效方法。然而，医生、科研人员和患儿家长尝试了多种治疗方法，从中积累了很多经验。常见的治疗方法有行为干预法、特殊教育法、药物治疗法、生物医学干预法以及心理干预法等。其中，常用的是使用高度结构化和密集的技巧性训练来帮助儿童发展社会和语言技能的行为干预法，如应用行为分析。此外，还有一些有争议的治疗或干预方法，如补充和替代疗法。

目前，还没有针对自闭症的特效药。现用的药物并非针对自闭症的核心症状，而主要是一些抗精神病药物，用于治疗焦虑、抑郁或强迫性精神障碍等，用于改变 5-HT 和 DA 等神经生化系统，并且只是针对部分自闭症症状。据统计，有 50%～70% 的自闭症患者会采用生物相关疗法，但大多缺乏完整有效的安全性和有效性评估，仍需要更多的系统性的研究和评估。随着对人体微生物和自闭症关系研究的深入，与之相对应的干预或治疗方法，如食物干预、益生菌以及粪菌移植等逐步显示出其独特的安全性和有效性。此类方法是具有广泛应用前景的生物干预方法。

令我们感到惊奇的是，骆驼乳在自闭症的治疗中发挥着重要的作用，甚至在一些地区有通过饮用骆驼乳来治疗自闭症的传统。早在 2005 年，Yagil R. 研究小组通过饮用骆驼乳治疗自闭症患者的试验中，发现患者的自杀倾向得到缓解并有几例儿童及成人在饮用骆驼乳后自闭症症状消失的情况。在另外一项研究中，也发现骆驼乳对 15 岁以下儿童的病情控制有辅助作用，对 10 岁以下儿童效果显著。2013 年，沙特阿拉伯的研究小组发现饮用骆驼乳的自闭症儿童在言论、认知和行为上都得到了显著的改善，并且有效降低了其身体的氧化应激反应。并得出，骆驼乳通过调整抗氧化酶和非酶抗氧化物的水平来降低氧化应激反应，并起到改善心理症状的结论。

（数据源自 M. Christina. Patient Report: Autism Spectrum Disorder Treated With Camel Milk, 2013）

（十）骆驼乳与酒精肝

长期饮酒可能引起重要器官包括心血管，内分泌，胃肠道和中枢神经系统的损害。根据 2005 年世界卫生组织的报告，全球约有 20 亿人饮用酒精，并且约 76 万人已经出现饮酒紊乱症。对乙醇影响健康最广泛的研究是酒精性肝病（ALD），这是全球化疾病并致死的主要原因之一。我们都知道，肝脏是人体的“化工厂”，功能复杂且重要，体内物质的储存、合成、分解、转化、解毒、分泌和排泄等均与肝脏有关。酒精（乙醇）进入肝细胞后，经过肝脏一系列反应最终氧化为乙醛。酒精肝就是由于长期过量饮酒所引起的，大量乙醛对肝细胞有明显的毒性作用，直接或间接导致肝细胞变性、坏死以及纤维化。酒精肝初期主要表现为脂肪肝，随着病情的发展出现酒精性肝炎、酒精性肝纤维化和酒精性肝硬化，甚至导致肝功能衰竭而死亡。因此，对于酒精性肝病的诊治和预防十分重要。

牧民经常用骆驼乳治疗肝硬化。骆驼乳历来用于治疗各种肝病、结核、糖尿病、过敏性疾病、胃溃疡和各种肿瘤。特别是用于治疗那些化学性药物治疗效果不好的疾病。Hebatallah 等（2012）研究了骆驼乳对酒精引起肝中毒大鼠的缓解作用。结果显示，骆驼乳治疗组大鼠肝脏中相关酶的活性、丙二醛、总抗氧化力、肿瘤坏死因子 -α 以及 caspase-3 活性等指标均明显趋于正常水平，且肝脏大体形态学观察及病理学检查明显改善。实验结果表明骆驼乳具有缓解酒精肝作用并保护肝脏组织不受酒精引起的中毒。其原因可能是由于骆驼乳中维生素 C 可作为自由基清除剂发挥作用；氨基酸及氨基酸螯合钙均能提高机体抗氧化能力，促进蛋白质合成；酪蛋白和乳清蛋白及其降解产物具有抑制脂氧合酶裂解的脂类自动氧化、清除超氧化物、羟基自由基和抑制脂类氧化的作用，增加细胞内抗氧化的能力，对肝细胞起到一定的保护作用。同时，骆驼乳还具有抗氧化、抗炎和抗细胞凋亡的作用。

（十一）骆驼乳的其他作用

骆驼乳能提高机体免疫力，对儿童的小儿麻痹、无力症及成人的晚育等均有药理保健作用，同时对治疗贫血和痔疮也有一定的效果。另据实践证明，骆驼乳能够起到抗疲劳的作用；在治疗便秘、改善动脉硬化和骨质疏松方面也具有积极的疗效；骆驼乳还具有淡化皮肤皱纹和美白的功效，所以它又是爱美女士的美容佳品。

（图片源自 www.baidu.com）

四、
骆驼乳对不同人群的调理作用

骆驼乳中除含有丰富的营养物质外，还含有促进健康、预防各种疾病的功能性因子，对人体健康有特殊的作用。《维吾尔常用药材》中记载："骆驼乳，性味甘醇、无黏胶感、属微辛，大补益气，补五脏七损，强壮筋骨，填精髓，耐饥饿，止消渴。"据有关专家研究，骆驼乳含有丰富的维生素 B、维生素 C 以及钙元素。现在世界上的很多乳制品，为了能够满足人们的消费需求，不断地研发出加铁、加钙、加维生素 A 和维生素 C 等营养素的乳制品，而骆驼乳不需添加这些就可以达到营养保健的目的，因为骆驼乳本身就是一种绿色、天然的高营养饮品。

（一）骆驼乳对成年人的益处

成年人是人生进行创造性劳动和学习的黄金时期，在社会与家庭中肩负重任，工作和学习压力较大，工作节奏快，时间安排紧凑。特别是中青年知识分子，很可能因饮食不合理、饮食习惯不科学而极易导致肥胖、冠心病、高血压、中风、糖尿病、癌症等疾病。因此，成年人讲究科学饮食、注重饮食保养，对保持旺盛充沛的体力和精力、延缓老化速度、减少疾病是十分重要的。

成年人对各类营养素需求的总原则：应该根据生理的改变，在达到营养平衡的前提下，保持饮食结构的合理。在营养的摄入量上，适时增减。概括地说即为：低脂肪、低胆固醇、充足的优质蛋白质，丰富的维生素和无机盐，适量的碳水化合物和食物纤维。因此，在保证蛋白质供给量的基础上，应适当选择种类丰富、优质的蛋白质。乳蛋白是乳中主要的营养物质，它由 20 多种氨基酸构成。不同的氨基酸比例和排列方式，组成不同的蛋白质，由于骆驼乳蛋白质的氨基酸组成与人体需要颇为接近，因此被誉为“理想蛋白”。骆驼乳中蛋白质的含量不仅比牛乳高，而且其营养价值高，胆固醇含量低。另外，骆驼乳中不饱和脂肪酸的比例为 43%，与其他动物乳相比，更适合人体代谢，而且还可预防心血管疾病的发生。因此，骆驼乳非常适合成年人的饮食需求。此外，骆驼乳还具有很好的免疫功能，在非洲的一些国家和阿拉伯地区，骆驼乳被称为“乳金”。

骆驼乳是沙漠地区牧民乳食品的主要来源之一，牧民们一般是直接饮用鲜骆驼乳或者刚发酵的骆驼乳。当鲜乳不能被饮用完时，为了保证骆驼乳不因气候的变化而影响其品质，必须对其进行加工。在非洲东北部一些地方，制作酸骆驼乳的传统方法是：把骆驼乳装在烟熏的木桶里面，1～3 天就能制作成一种被称为“Susa”的酸骆驼乳产品，该产品质地细腻、酸甜可口。经最新研究表明，我国内蒙古阿拉善盟地区牧民家中自制的传统酸骆驼乳制品“Hoormog”，其中蛋白质和脂肪的含量较高，是人体补充蛋白质和必需脂肪酸的良好食品。其钙、磷、铁、锌和硒的含量也较高，另外含有较高含量的维生素 C，含量为 51.10 mg/kg。由此可以看出，“Hoormog”也是提供成年人矿物质和维生素的良好乳制品。

中国营养学会 2000 年制订的《中国居民膳食参考摄入量（DRIs)》中指出，成年人铁适宜摄入量（AI）男子为 15 mg/ 天，女子为 20 mg/ 天；每日膳食硒参考摄入量（EAR）成年男子为 75 mg/ 天，成年女子为 60 mg/ 天；成年男子锌推荐摄入量（RNI）为 15.5 mg/ 天。假如一成年男子每天饮用 1 kg“Hoormog”，提供的铁占推荐量的 28.67%，提供的硒占推荐量的 59.80%，提供的锌占推荐量的 61.94%。联合国粮农组织（FAO）和世界卫生组织（WHO）曾经提出健康成年人每天必需氨基酸的需要量，与之相比，“Hoormog”中必需氨基酸的组成高于 FAO/WHO 的推荐值。假设一个人的体重为 60 kg，除了甲硫氨酸和半胱氨酸以外，1 个成年人 1 天饮用 500 g 左右的“Hoormog”，就可以满足当天人体对必需氨基酸的需求。因此，“Hoormog”是一种营养价值很高的乳制品。

（二）骆驼乳对怀孕妇女和胎儿的影响

怀孕是母体一个特殊的生理调节过程，在整个孕期中，母体约需要贮存钙 50 g，其中供给胎儿 30 g。母亲通过脐带向婴儿传输钙质，从而增加婴儿骨骼发育。如果母体钙摄入不足，胎儿就会从母体的骨骼及牙齿中获取所需的钙。以满足生长的需要，这样易使母体血钙降低，发生小腿抽筋或手足抽搐。最近研究表明，骆驼乳中钙的含量比母乳高，并且骆驼乳中的钙容易被孕妇吸收，其磷、钾、镁等多种矿物质和氨基酸的比例也十分合理。在营养全面性方面，孕妇较未孕时的要求高，为了保证胎儿各脏器的发育，特别是大脑的发育，孕妇需要“全面性营

养素”。也就是说，除蛋白质、脂肪、糖类、维生素 4 大营养素之外，还需要补充铁、钙、磷、锌、硒等营养物质或矿物质。妇女怀孕之后，由于激素与代谢的改变，身体发生了一系列生理变化，常伴有恶心、呕吐、消化不良及食欲减退，后期则因子宫增大影响肠的蠕动而引发便秘，机体中各器官如心、肺、肝、肾等负荷增大，造血器官因母体血容量加大和红细胞增加而加强造血功能。此时孕妇对营养的需求比未孕时大大增加，除了自身需要的营养外，还要源源不断地供给腹内胎儿生长发育所需的一切营养。孕妇每天饮用 500 mL 骆驼乳，不仅能满足自身的营养需求，还能提供胎儿生长发育所需的营养成分。

（三）骆驼乳有调节和稳定情绪的作用

1. 骆驼乳有很好的镇静和催眠效果

很多人认同牛乳的催眠作用，其实，骆驼乳对睡眠的作用，要比牛乳强很多，尤其对中老年人而言，它堪称是助眠的灵丹妙药。很多老年人一天的睡眠只有 4～5 h，并且经常起夜。如果养成喝骆驼乳的习惯，情况可能会完全不一样了。睡眠障碍是什么原因引起的，现在还是一个谜，科学界并没有解开。只是从循证医学的角度讲，存在着大量的数据，证实骆驼乳有很好的助眠作用。（因为骆驼生存环境恶劣，饥一顿饱一顿，所以骆驼具有很强的代谢调节能力，从而骆驼乳就具有调节脂质代谢紊乱的功能，能对大脑中的脂质代谢紊乱进行调节，从而起到改善肿眠的作用。）

骆驼乳中含有多种人体所必需的氨基酸。必需氨基酸在人体生长发育过程中发挥着重要的作用，而且人体自身不能合成，必须从食物中获得。美国科学家研究表明，色氨酸、亮氨酸具有镇静和助眠作用，可降低对疼痛的敏感性，缓解偏头痛，缓和焦躁及紧张情绪，使人产生愉悦的感觉。

骆驼乳中的色氨酸含量较高，色氨酸是一种必需氨基酸，它的作用主要有 2 个，即防止烟酸缺乏症和增加血清素水平。在所有氨基酸中，色氨酸在其他食物中含量很少。虽然稀少，但色氨酸的存在是非常必要的，因为它会由肝脏转换成维生素 B_3（烟酸和烟酰胺），这有助于防止烟酸缺乏症。色氨酸的作用还包括负责神经传递素的产生（色氨酸作为一种血清素的初期形式，这种神经传递素与控制睡眠模式、食欲和情绪有关）。中枢神经中 5-羟色胺（5-HT）是一种重要的神经递质，在脑内参与情绪、睡眠、进食、性行为等多种生理功能的调节，5-羟色胺的功能紊乱与情感性精神障碍、孤独症、精神分裂症、物质依赖等精神疾病有关。色氨酸羟化酶（TPH）是 5-HT 合成的限速酶，具有专一性，在组织中含量较低，且具有不稳定性。骆驼乳中的色氨酸能提高大脑中 5-羟色胺的水平。睡眠的产生正是由于脑内产生了 5-羟色胺而引起的。

另外，骆驼乳有调节植物神经紊乱的作用，可能也会帮助调节紊乱的神经功能，从而达到助眠的效果。因此当你心烦意乱或饱受失眠折磨时，不妨喝上一杯骆驼乳来安神补脑。

2. 骆驼乳是促进情绪健康的天然食物

生命活动需要能量，营养的好坏直接影响到一个人智力和体力的

发展，同时也会影响到个人的情绪。多吃富含优质蛋白质的食物可使人聪明，多吃水果蔬菜可使人健康美丽，全面补充维生素可使人增强免疫力。全面合理地补充营养是保证身体健康的首要条件。

心理学家指出，营养不良不仅妨碍体格与智力发育，也是情绪障碍的一大因素。根据医学研究，情绪不安、容易发脾气等现象很多情况下不属于精神方面的障碍，而是由营养不足、饮食结构不合理而引起的。如糖分摄入量过多可能引起情绪多变，情绪不稳定；蛋白质或果蔬类食物摄入量过低可能引起郁郁寡欢；而缺乏 B 族维生素可能引起惊恐不安或健忘。

骆驼乳中富含优质蛋白质、B 族维生素（包括维生素 B_1、维生素 B_2、维生素 B_6、维生素 B_{12}、烟酸、泛酸、叶酸等）和维生素 C。其中，B 族维生素是糖代谢过程中的关键物质。机体的肌肉和神经所需能量主要由糖类或碳水化合物，所以糖量消耗较多。B 族维生素充足，则神经细胞能量充沛，可以缓解忧虑、紧张，增加对噪音等的承受力；反之，导致应对压力的能力衰退，甚至引发神经炎。此外，B 族维生素是推动体内代谢，将糖、脂肪、蛋白质等转化成热量时不可缺少的物质。如果缺少 B 族维生素，则细胞功能马上降低，引起代谢障碍，此时人体会出现怠滞和食欲不振等情况。B 族维生素还有助于平衡中枢神经系统，帮助大脑制造血清素，从而改善紧张、易怒、抑郁的不良情绪。长期坚持饮用骆驼乳，人的精神状态及情绪将会得到一定的改善。

（四）骆驼乳能促进性保健

1. 骆驼乳也是性保健品

影响性爱的因素有很多，历史上流传下来的性爱保健食品更是种类繁多。远在古代埃及时代，人们就发现骆驼乳是增长性欲的理想食品，一直被当成性“催化剂”。现代人已经认识到，常饮骆驼乳，不仅能够吸收钙质，保持健康骨骼，维持美丽容颜，防治多种疾病，而且还有一种特殊功效，那就是能够助“性”。

骆驼乳素有“乳金”之称，含有丰富的优质蛋白质、脂肪酸和活性酶等。从营养保健学的角度来看，富含蛋白质、脂肪酸、活性酶、维生素和矿物质的食物可以消除疲劳，对生精有益，具有提高性功能的作用。骆驼乳中不饱和脂肪酸的含量较高，脂肪酸、葡萄酸及一些氨基酸的代谢产物是乙酰辅酶 A 的原料，而合成 1 分子胆固醇需消耗 18 分子乙酰辅酶 A，因此，脂肪酸对于胆固醇的合成是十分重要的原料。从性功能维护的角度看，适当摄入一定量的脂肪是十分必要的，因为无论是卵巢、睾丸还是肾上腺皮质所分泌的性激素，都是直接吸取血液中的胆固醇作为合成原料，或是从醋酸盐开始，先合成胆固醇，再合成性激素。此外，脂肪中还含有一些精子生成所需的必需脂肪酸，如缺乏，不仅影响精子的生成，而且可引起性欲下降，因此，骆驼乳中的脂肪日益引起研究人员的重视。

蛋白质含有人体活动所需的多种氨基酸，它们参与包括性器官、生殖细胞在内的人体组织细胞构成。骆驼乳中的精氨酸含量比较高，一般为3.99%～4.94%，精氨酸是精子蛋白的主要成分，有提高精子的质量、增强精子运动能量的作用，同时具有提高性功能和消除疲劳的作用，对辅助治疗阳痿效果显著。此外，酶是一种在体内具有催化作用的特殊蛋白质，能促进人体的新陈代谢，对健康有益。如果体内缺乏酶类，可出现生理功能减退，包括性功能减退，甚至丧失生育能力。

骆驼乳中含有丰富的维生素和矿物质。其中锌是微量元素的一种，其在人体中的含量和每天的摄入量都很少，但它在机体的性发育、性功能、生殖细胞的生成等过程中起着举足轻重的作用。骆驼乳中维生素的含量比其他动物乳的含量高，为1.33～2.34 mg/L。其中，维生素E具有促进垂体促性腺激素的分泌、促进精子的生成和活动、增加卵巢功能、增加卵泡、增大黄体细胞并增加黄体酮的作用。

2. 骆驼乳中的核黄素与性生活

核黄素就是维生素B_2，它是人体必需的13种维生素之一，其主要生理功能是作为辅酶促进代谢。核黄素影响机体的生物氧化，参与机体代谢过程。同时，它与人的性爱具有一定的关系。

核黄素主要存在于乳、肉、蛋、豆和谷类食品中，一般成年人每日需求量男性为1.4～1.72 mg，女性为1.2～1.3 mg。骆驼乳中核黄素的最高含量可达到1.24 mg/L，基本能够满足人们的日常需求。

核黄素不仅是人体细胞中促进氧化还原的重要物质，还与人的性生活质量有关，当人体缺少核黄素，尤其是严重缺乏时，人体腔道的黏膜层就会出现问题，引起黏膜病变，造成黏膜细胞的代谢失调，具体表现为黏膜变薄、黏膜层损伤、微血管破裂等。对于女性生殖器官所造成的伤害则更为严重，最典型的症状如阴道壁干燥、阴道黏膜充血、溃破等，直接影响性欲，造成性欲减退、性冷淡，由于阴道内腔环境的病理性改变而导致性交疼痛，畏惧同房，即使是勉强过夫妻生活，亦无欢愉快感产生，反而造成女方精神极度紧张恐慌，加剧痛感，长此下去，必然会影响夫妻和睦。

正是因为了解到骆驼乳与性爱有一定的关系，早在古代，埃及以及周边的国家和地区的美女对骆驼乳浴趋之若鹜，都是想让皮肤更光滑，以葆青春常在，性欲旺盛。

传统蒙古族家庭，一般晚上给小孩喝酸骆驼乳，夫妻两人喝煮好的鲜骆驼乳。这就是蒙古族人民几千年利用了酸骆驼乳有安神催眠作用和鲜骆驼乳的提神兴奋促性生活的作用。

3. 骆驼乳中的睾酮与性生活

睾酮是雄性激素中最重要的一种，既是创造男性个体的最基本要素，也是维持男性功能的基本要素。

据报道，性腺功能低下的男子进行睾酮补充治疗，不仅可以改善情绪方面的参数指标，如精力和健康感，而且还可降低不良情绪方面的参数指标，例如紧张和易怒。这些研究说明，睾酮对男子的情绪和行为具有一定程度的影响。

目前资料显示，睾酮可以进入细胞，结合并激活雄激素受体；也可以穿过细胞膜，芳香化为雌激素，结合并激活雌激素受体 α 和 β，产生生物学效应。骆驼乳中含有大量的睾酮，据史料记载，皇宫王爷、大臣等为增强性功能曾大量服用骆驼乳。

印度拉贾斯坦邦最近盛传骆驼乳有壮阳效果，导致很多男子争相购买骆驼乳，骆驼乳的价格也提高了 1 倍。拉贾斯坦邦位于印度西部，那里有很多骆驼，平时当地人也喝骆驼乳，但并不觉得有什么特别。可最近一位叫贾特的 88 岁农民的妻子生下一对双胞胎，在招待乡邻的时候，贾特说，他自童年每天开始都喝新鲜的骆驼乳，身体一直很棒，最近老年得子，再次当了爸爸。虽然科学家还没有证实骆驼乳中含有能增强生殖功能的特殊成分，但在印度，骆驼乳还是掀起了一股“旋风”。

据印度媒体 2010 年 5 月 14 日报道，印度拉贾斯坦邦那努・拉姆・约吉现已 93 岁高龄，他共娶过 4 位妻子，并育有 12 个儿子、9 个女儿。2007 年，时年 90 岁的他竟然生下了他的第 21 个孩子——小女儿吉里加・拉吉库马里，并由此成为目前世界上健在的“最年长新生儿父亲”，创造了吉尼斯世界纪录。约吉透露自己宝刀不老的秘诀在于多吃肉和多喝骆驼乳，他还打算在未来几年内与妻子多生几个孩子，一直生到 100 岁！

由此可见，骆驼乳是一种增加性欲的理想食品，科学合理地饮用骆驼乳，对于创造健康的性生活来说，会有意想不到的完美效果。

（五）过量饮酒的人很需要骆驼乳

经常过量饮酒的人，以及醉酒后，尤其是第 2 天，容易头疼、胃酸、腹泻、非常难受的人，应该在酒前酒后都喝点骆驼乳。因为过量饮酒最直接的刺激是胃肠道、肝和肾，酒前喝骆驼乳会提前强化这些脏器的“防御能力”，减少酒精对它们的损害。

因为醉酒的行为会使免疫力系统在短时间内遭到很大的破坏，所以酒后喝点骆驼乳，可以加快体力恢复，缩短难受的时间。这与骆驼乳富含多种白蛋白、维生素、矿物质有关。补充这些物质，能使免疫力得到强化。酒前酒后都喝点骆驼乳，可以减少身体受损。

其实，骆驼乳对肝脏和肾脏有保护作用，而这一点是长期过量饮酒的人最需要的。酒精长期侵蚀肝肾，会直接导致肝代谢能力下降，是酒精性脂肪肝的诱因。长期饮酒的人，60% 会患酒精性脂肪肝。出现这种情况时要减少饮酒量，最好能戒一段时间，给肝脏自我修复的时间。同时每日喝点骆驼乳，骆驼乳对肝脏的代谢能力有很好的帮助，是过量饮酒者的理想食品。

长期过量饮酒还是导致高血压、动脉硬化的诱因。多喝骆驼乳对预防高血压有一定的作用，对预防动脉粥样硬化也有很好的作用，能降低心脑血管病病的发病风险。酒精的侵蚀，还会导致骨质疏松，使人腰酸背痛、精神不足。骆驼乳是属于高钙质的乳，而且所含的钙非常容易吸收，所以经常喝会感觉腿脚有劲。

对长期过量饮酒的人来说，脑细胞的损伤也很严重，记忆力下降；长期饮用骆驼乳也有助于修复脑细胞，提高记忆力。

（六）骆驼乳的美容养颜作用

骆驼乳能抑制肠道腐败，起到排毒养颜的作用；改善睡眠能起到美容作用；抑制不饱和醛酮的浓度，能起到延缓皮肤老化的作用；补铁补血能营养皮肤、改善气色；容易吸收的白蛋白和维生素C、维生素E、维生素A等成分，能祛斑、祛皱等。多重的综合机制，使美容效果实现了叠加效应。

1. 肠道排毒

容颜的快速衰老，多数伴随着肠道的腐败。身体的营养绝大多数是通过肠道吸收的，毒素也是通过肠道进来的。肠道里充满腐败物质，容颜衰老的速度就会加快。便秘的人往往伴有面色晦暗、痤疮、痘痘、色斑皱纹增多的现象，这就是肠道里的毒素通过血液、侵蚀面部皮肤的缘故。

骆驼乳对抑制肠道腐败有很好的效果。喝骆驼乳一段时间后，每天能排出健康的香蕉便，减少便秘和腹泻的反复发作；营造一个健康的肠道环境，肠道毒素少了，脸部皮肤的毒素就小了，面容就显得年轻了。

2. 睡眠养颜

睡眠对美容的作用比任何化妆品都要强。睡眠是身体自我修复的重要手段。长期睡眠不好，容颜会显得异常苍老。睡眠不好还会使内分泌紊乱，引起色斑、痘痘、松弛下垂等多种皮肤问题。

骆驼乳的催眠作用要比牛乳好很多，推测是和骆驼乳具有调节脑部脂质代谢有关系。总结很多人的实践结果可以得出，每天喝半斤骆驼乳，1 周左右睡眠就会得到改善；长期喝的效果更好。

骆驼乳的美容功效离不开它对睡眠的改善。

3. 抗 衰 老

皮肤的干纹、细纹、松弛、下垂，这些都是皮肤细胞衰老的一种表现。细胞被体内的不饱和醛酮咬合，细胞里的蛋白质就会失去活力，开始老化。骆驼乳具有调节代谢的作用，可能会抑制因代谢而产生的不饱和醛酮的浓度，这样对细胞的伤害就减小了，给细胞自我修复留出时间，使衰老速度减慢；如果细胞自我修复大于受到的损伤，细胞组织还会出现回转年轻的现象。所以，常喝骆驼乳可以让皮肤变得健康有活力，增加弹性和水分。

暴饮暴食之后，体内因代谢而产生的不饱和醛酮的浓度，以及血糖的浓度都会骤然升高。长期这样，衰老速度就会加快。比如高血糖的人衰老速度是正常人的 2.5 倍；但是，骆驼经常找不到食物，但有时可以一顿吃下好几天的食物。这就需要骆驼自身具有很强的代谢调节能力，这种能力逐渐成为其遗传基因。这可能成为骆驼乳中含有能够调节能量代谢成分的原因。

4. 补 血

为什么有些女人一卸妆就不敢出门了？脸色蜡黄、没有血色，看起来一点精神都没有，轻度贫血就是这样的症状。女性由于月经的关系，出现这些症状的比例要远远大于男性；所以，绝大多数的女性都应该多吃点补血的食品。

骆驼乳是一种高铁乳，铁含量是牛乳的 10 倍；而且是纯天然食品，要比其他补充剂安全得多。对于大多数缺铁性贫血的人来说，骆驼乳无疑是补血的绝佳食品。

无论是白里透红，还是黑里透红，总之“透红”是女性脸部皮肤好看的必需元素。骆驼乳养颜的功劳也同样离不开这一点。

5. 维生素和微量元素

骆驼乳中含有的多种维生素和微量元素对皮肤具有多种保护作用：维生素 B_2，可提高视力，让眼睛清澈明亮；铁、铜和维生素 A 使皮肤保持光滑有弹性，祛除干纹、细纹；蛋白质和维生素 C 的组合，既可以祛除皮肤死皮、清洁皮肤，又能防止皮肤氧化和增加皮肤水分，可以从内到外净化、美白皮肤；维生素 E 可以祛除黄褐斑；维生素 B

族有助于平衡中枢神经系统，维生素 B_6 可以帮助大脑制造血清素，使紧张、易怒、抑郁等不良情绪得到改善；使人看上去有一个良好的精神状态。

（七）特别需要喝骆驼乳的 10 种人

最新的研究表明，每天摄入一定量的骆驼乳，可以有效提高血液中葡萄糖水平，减少人体对胰岛素的需求量。科研人士指出，骆驼乳可以用于糖尿病的治疗，骆驼乳中含有高水平的胰岛素或类胰岛素蛋白，而且这些成分通过胃的酸性环境时基本不受破坏，解决了口服胰岛素的缺陷，即胃中的酸度会破坏胰岛素成分，从而降低了口服胰岛素的效果。最为特别的是，骆驼乳富含牛乳中所缺少的乳铁传递蛋白和溶解酵素。这两种物质有杀菌作用，可强化人体的免疫系统。因此科学家认为骆驼乳是有助于治疗癌症、艾滋病等免疫缺陷疾病的理想饮品。

在北非及阿拉伯地区盛行的骆驼乳，不但富含维生素 B、维生素 C，连铁的含量都是牛乳的 10 倍，而且还能缓解糖尿病、高血压及心脏病等症状。研究表明，人们在饮用骆驼乳后尚未发现有乳糖不耐症出现，因此对于乳糖不耐症的人群来说，用骆驼乳来补充动物性蛋白质不失为一种聪明的选择。当今世界上很多乳制品，为了能够满足人们的消费需求，各方人力不断地研发一些加铁、加钙、加维生素 A、维生素 B、维生素 C 等营养素，而骆驼乳自身就是最具营养价值的乳品，是纯天然的多功能乳品。

1. 艾滋病和癌症等免疫缺陷癌症患者

1 000 多年来，骆驼乳被用来治疗肝硬化、佝偻病、疟疾、肺炎、水肿、黄疸、脾脏疾病、冠心病、哮喘、贫血和痔疮等多种疾病。在非洲一些国家，骆驼乳还用于艾滋病和癌症的治疗。比利时自由大学的医学家正从骆驼乳中提取抗癌药。在哈萨克斯坦，骆驼乳被医生用于癌症患者化疗的辅助剂，而这种方法已成为常规治疗方案。在俄罗斯和印度，医生把骆驼乳当成处方，推荐给放疗、化疗患者和体弱的人。一些欧美发达国家逐渐认识到骆驼乳的作用后，把骆驼乳作为癌症患者手术和放疗、化疗后的高级补品。这是由于骆驼乳富含牛乳所缺少的乳铁传递蛋白和溶菌酶，这两种物质具有杀菌作用，可强化人体的免疫系统。因此科学家认为骆驼乳有助于辅助治疗艾滋病和癌症等免疫缺陷性疾病，是这些疾病患者的理想天然饮品。

2. 糖尿病患者

印度比卡内尔的国家骆驼研究所公布了一项令人欣喜的研究成果，长期饮用骆驼乳可帮助糖尿病患者大幅度减少胰岛素的注射量，对长期喝降糖药造成的机体损伤，可以起到有效的缓解和恢复。糖尿病人有许多东西是不能吃，而营养摄入不均衡，也会导致其他疾病。骆驼乳具有高耐酸性，不与胃酸反应，因此虽然其他乳中也含有胰岛素，但只有骆驼乳不受胃酸影响，可以到达肠道被吸收利用。另外，骆驼乳中富含半胱氨酸的肽段、维生素 C、乳铁蛋白以及独特的免疫球蛋白，都在调节糖尿病患者免疫功能、增加胰岛素受体敏感性等方面扮演着重要的角色。除此之外，骆驼习惯生活在自然植被茂盛的环境，特别是矮树丛中，骆驼食用这些植物可能使其乳中富含抗糖尿病作用的成分。

3. 肾病患者

骆驼乳具有利尿排毒的功效。牧区居民早就认识到，常喝双峰骆驼乳的人一般不会得肾病。骆驼乳中蛋白质含量高，而且含有各种活性蛋白质，其中含有的大量的诸如溶菌酶、乳铁蛋白和免疫球蛋白等在内的保护性蛋白质对治疗肾病起着重要的作用。同时，骆驼乳中烟酸和维生素 C 的含量高于牛乳，维生素 B_6、维生素 B_{12} 的含量与牛乳相同，维生素 A、维生素 E、维生素 B_1、维生素 B_2、叶酸、泛酸含量较牛乳少，1 000 g 骆驼乳中的矿物质可以提供人体 1 天所需要的钙、磷、钾、铁、锌等元素。这对于肾病患者是十分有益的。

4. 肺结核患者

肺结核是由结核杆菌引起的慢性肺部感染，咳嗽、胸痛、潮热、盗汗、消瘦、血沉增速为其主要临床特征。从非洲大峡谷到中亚，经常能听到关于骆驼乳可以治疗肺结核的说法。印度研究文献报道了骆驼乳对肺结核有辅助治疗作用。

5. 体质弱者

骆驼乳含有很高的生物活性成分，如溶菌酶、过氧化物酶、乳铁蛋白和免疫球蛋白等保护性蛋白，它们在机体的抗病机制方面起着重要作用。骆驼乳乳清蛋白含量高，其中不含乳球蛋白或者含量很少。由于骆驼乳中氨基酸、维生素 C 和人体必需微量元素含量丰富，是营养价值很高的一种乳品。骆驼乳是肥胖和高血脂人梦寐以求的乳品，它所含的脂肪属于不溶性脂肪。这些均衡而丰富的营养，都是对抗衰老、增强机体活力的珍贵元素。所以生活在荒漠和半荒漠地区的牧民，虽然缺少新鲜蔬菜瓜果，但他们的身体仍很健壮，这与他们长期食用骆驼乳是分不开的。

6. 乳糖不耐症患者

乳糖不耐症是指人体不能分解并代谢乳糖（一种糖类，常见于牛乳及其他乳制品中），这是由于肠道内缺乏所需的乳糖酶，或者是由于乳糖酶的活性减弱而造成的。骆驼乳中乳糖的含量较其他动物低，对乳糖不耐症患者而言是绝佳的选择。

7. 婴幼儿和老年人

现代研究证实，骆驼乳的营养成分接近人乳，乳汁中含有大量免疫活性蛋白因子和最接近母乳的免疫抗体，所以，骆驼乳又是婴幼儿的高级营养奶源。喝骆驼乳的婴幼儿不容易出现腹泻，同时骆驼乳可以治疗婴儿消化道溃疡。骆驼乳中含有大量的生物活性成分，蛋白质含量与钙含量均高于牛乳，氨基酸种类齐全，脂肪含量低，脂肪球小，含有大量人体所需的不饱和脂肪酸和 B 族维生素，铁元素含量也是牛乳的 10 倍。因此，与牛乳相比，骆驼乳更适合作为婴幼儿和老年人的理想饮品。

8. 满周岁的孩子

满周岁的婴儿在停喝母乳后需要补充营养，联合国粮农组织和世界卫生组织曾经提出理想蛋白质中必需氨基酸的含量以及对一岁儿童的推荐量（1991 年）。与之相比，骆驼乳蛋白质中必需氨基酸的含量高于联合国粮农组织和世界卫生组织的推荐量，由此可以认为，骆驼乳是营养价值较高的食品之一，对母乳不足或体弱的儿童是理想的替代乳品。

9. 视力不良者

近视的形成与饮食有关系，多数近视患者的血钙偏低，维生素 A

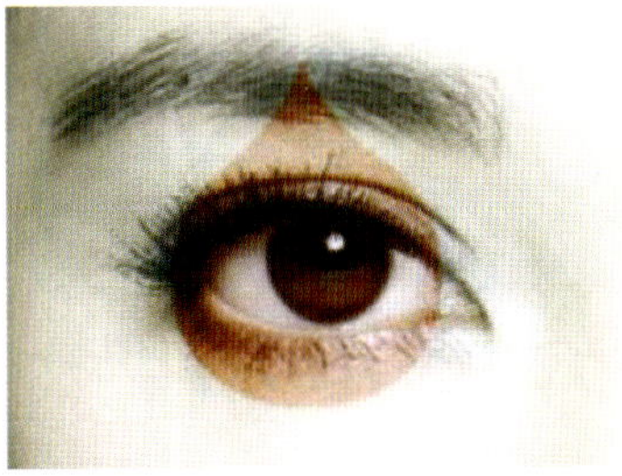

缺乏；多数青少年近视患者的血清蛋白偏低，血钙和血色素也偏低。得了近视后，要多补充维生素 A、B 族维生素和钙、铬、锌等微量元素。骆驼乳中含有丰富的维生素 A、维生素 B_1、维生素 B_2、维生素 D 以及矿物质，可以有效地预防或延缓近视的发生和发展。

10 美容养颜者

骆驼乳是果酸（AHA）和水杨酸（BHA）的天然来源，而羟基酸被认为能够使皮肤圆润、光滑、细腻；骆驼乳中的蛋白质含量高于其他多数动物乳，而乳蛋白质能够增加皮肤的水分；骆驼乳蛋白质的分子链尺寸小于其他动物乳蛋白质，因此有更好的透皮吸收特性，具有较好的保湿功效；骆驼乳富含具有抗氧化功效的维生素 C，且具有抗菌效果。因此，骆驼乳既可以去除皮肤死皮、清洁皮肤，又能防止皮肤氧化和增加皮肤水分，可以从内到外净化身体，美白皮肤。

五、骆驼乳制品

由于骆驼乳产量少，骆驼乳制品种类也不多，因此价格十分昂贵。但是随着其较高的营养价值和确切的保健功效，骆驼乳逐渐被人们所接受和认可，骆驼乳及其制品也越来越受到人们的喜爱，其开发价值和应用前景将非常广阔。

从摩洛哥到科威特，繁荣的骆驼乳产业正在形成。超市的货架上不仅有骆驼乳，还有骆驼乳奶酪和骆驼乳咖啡伴侣。现在，用骆驼乳制作的巧克力也已上市。迪拜目前已经制造出全球首批骆驼乳巧克力，其品牌“纳斯玛”即将进军国际市场。目前国际市场上出现的骆驼乳制品主要有巴氏杀菌骆驼乳、骆驼乳粉、酸骆驼乳、骆驼乳冰淇淋、骆驼乳巧克力以及含有骆驼乳的糖果等。

骆驼乳巧克力

1. 有机鲜骆驼乳

液态瓶装有机鲜骆驼乳，采用低温杀菌后瞬时冷却技术，充分地保留了骆驼乳的生物活性，延长了产品保质期，是国家发明专利技术的成功应用，使骆驼乳中免疫球蛋白、重链抗体、乳铁蛋白、类胰岛素、活性营养成分不被破坏，具有营养全面、易吸收、改善肠胃功能明显等特点。坚持食用，可以有效防止贫血、痔疮，强健骨骼、牙齿，防治儿童佝偻病。

鲜骆驼乳

是老年人术后康复、日常保健和满足青少年成长发育的最好的功能性营养品之一。

2. 骆驼乳粉

骆驼乳粉是由鲜骆驼乳经净化、标准化、杀菌、浓缩、喷雾干燥、包装等工艺加工而成。与巴氏杀菌骆驼乳相似，为尽可能最大限度地保留骆驼乳中生物物质的活性，应采用75℃、15 s的低温巴氏杀菌工艺；真空浓缩时，浓缩温度不超过50℃；同时喷雾干燥过程也应采用低温喷雾干燥工艺，进风温度控制在140℃左右，排风温度控制在65℃左右。采用低温工艺生产的骆驼乳粉由于乳中乳铁蛋白、不饱和脂肪酸、B族维生素和维生素C含量丰富，有高蛋白、高钙、低脂，不引起过敏等优点，因此特别适合老年人、婴幼儿以及术后康复患者食用。并且还可补中益气、促进发育、强筋壮骨、降脂降糖、延缓衰老、激活强化人体免疫系统、治疗炎症与肾病、辅助治疗免疫缺陷性疾病，是理想的有效增强抵抗力的天然有机食品。

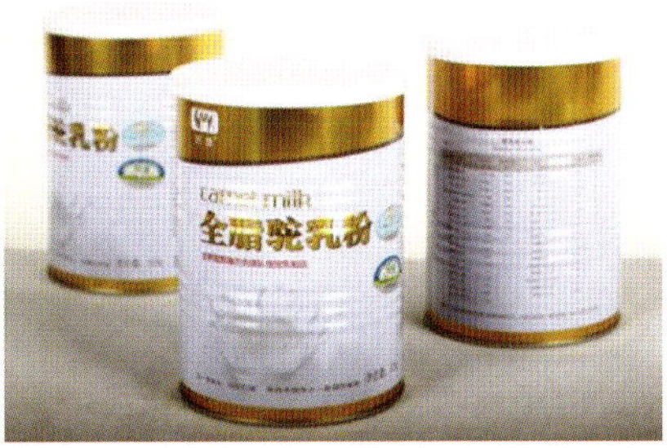

骆驼乳粉

3. 酸骆驼乳

酸骆驼乳是由优质鲜骆驼乳经净化、标准化、预热、均质、低温巴氏杀菌、冷却、接种发酵、灌装等工艺加工而成。酸骆驼乳可根据最终产品的组织状态，加工为凝固型或搅拌型；也可根据市场的需要和消费者的喜好，添加各种水果果料、营养素、果仁、谷物等生产复合型或营养强化型酸乳；另外，可通过使用益生菌发酵剂生产益生菌酸骆驼乳，或通过使用木糖醇替代蔗糖来生产无糖酸骆驼乳。

酸骆驼乳既是一种食品，又是一种民族药品。酸骆驼乳能抑制肠道内腐败菌的繁殖，并减弱腐败菌在肠道内产生毒素；有降低胆固醇的作用，特别适宜高血脂人群饮用；有促进胃液的分泌、提高食欲、加强消化的功效；益生菌能将骆驼乳中的乳糖和蛋白质分解，使人体更易于消化吸收；维持肠道菌群生态平衡，形成生物屏障，抑制有害菌对肠道的侵入；乳酸菌能减少某些致癌物质的产生，具有防癌作用；提高人体的免疫功能，预防疾病发生。

4. 酸骆驼乳粉

酸骆驼乳粉是以新鲜骆驼乳为原料，应用国家发明专利低温灭菌与发酵技术，采用冷冻干燥技术，经过双歧杆菌和干酪乳杆菌 2 种益生菌发酵而成，具有活性益生菌功能，最大限度地保留活性营养成分。其中免疫球蛋白、重链抗体、乳铁蛋白、不饱和脂肪酸、B 族维生素和维生素 C 含量丰富，益生菌和骆驼乳营养相结合，具有改善肠道功能、调节血脂代谢、增强机体免疫力等功效，是抑菌抗癌、增强免疫力的营养滋补佳品，也是优良益生菌与骆驼乳珍稀营养完美结合的佳品。

5. 骆驼乳益生菌活性片

骆驼乳益生菌活性片是采用益生菌骆驼乳作为营养基发酵而成的益生菌活性片，既百分之百保留了骆驼乳的活性营养成分，使益生菌的活菌数高达上千亿，又富含双歧杆菌、干酪乳杆菌、植物乳杆菌、乳铁蛋白和溶菌酶及 18 种氨基酸，能抗氧化、增强人体免疫系统。科学研究和民间实践表明，骆驼乳益生菌活性片对肠、胃、肾、肝、胰腺有明显的保健功效，尤其适合老年人、儿童及体质虚弱者食用。

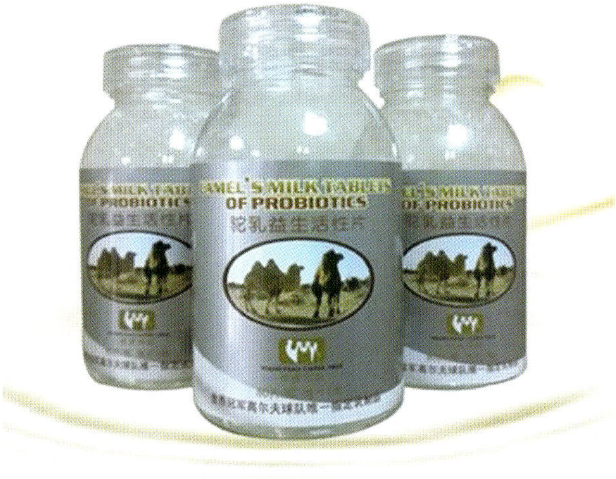

骆驼乳益生菌活性片

6. 骆驼乳冰淇淋

骆驼乳冰淇淋是由鲜骆驼乳经配料、混合、杀菌、均质、冷却、老化成熟、凝冻、灌装、包装、硬化等工艺加工而成。为增加产品的外观和口感，经常加入天然香料、水果或果仁，使其既营养又可口。骆驼乳由于脂肪球直径非常小，为 1.2～4.2 μm，且与蛋白质紧密结合，因此由骆驼乳制成的冰淇淋产品状态极佳，口感细腻、丝滑，香味独特。COLD HUMP™ 是目前国际市场上唯一的有机骆驼乳冰淇淋产品，由维奥骆

驼乳有限公司生产。它采用天然的骆驼乳、香料和果料制造。COLD HUMP™ 有机骆驼乳冰淇淋主要包括添加饴糖的澳大利亚坚果冰淇淋、菠萝和椰子冰淇淋、肉桂和豆蔻冰淇淋、香蕉和巧克力冰淇淋、芒果冰淇淋以及枣椰和蜂蜜冰淇淋。这一系列产品具有各自特有的口感，满足了不同消费者的喜好。

7. 骆驼乳干酪

骆驼乳干酪是由骆驼乳经原料标准化、低温巴氏杀菌、添加发酵剂酸化、添加氯化钙、添加凝乳酶凝乳、切割、搅拌、排乳清、加盐、装模、成型、包装、成熟等工艺加工而成。由于总固形物含量、组成成分和酪蛋白特性等特有因素，使得骆驼乳并不太适合加工成干酪，尤其是在天气炎热的季节。因此，必须通过强化乳固体、添加钙盐、选择凝乳酶、优化杀菌条件、减少翻转次数、改变盐渍方式等手段和工艺来生产质地和口味俱佳的干酪。骆驼乳干酪品种主要包括新鲜干酪、软质干酪、半硬质干酪、蓝莓干酪和羊眼干酪等。

8. 骆驼乳奶油

骆驼乳奶油

骆驼乳中含有少量促使乳脂肪球簇集形成奶油的因子——凝集素，但和牛乳相比，骆驼乳不易形成奶油。传统制作奶油的方法是脱脂收集脂肪再进行搅拌，由于骆驼乳脂肪不易形成奶油，所以这种方法不适用于做骆驼乳奶油。通常骆驼乳奶油的做法是将骆驼乳样在

65℃条件下加热30 min，再离心分离奶油，为得到更多的骆驼乳奶油，需将骆驼乳奶油的搅拌温度控制在22～25℃，高于牛乳奶油的搅拌温度8～14℃，这是由骆驼乳脂肪熔点（40～41℃）较高决定的。

9. 骆驼乳饮料

骆驼乳可以制作酸乳和奶酒。酸乳止渴生津，帮助消化，增加食欲。蒙古族人民普遍喜欢饮酒，遇有节日庆典，奶酒更是必不可少。以骆驼乳为原料，用传统方法制成的发酵酒，俗称骆驼奶子酒。此酒被牧民称作“托盖克姆兹”，是新疆地区哈萨克族、蒙古族以及柯尔克孜族等少数民族群众夏季饮用的含酒精饮料。骆驼奶子酒外观雪白色，浓度较高，

味道甘醇，含有少量酒精。奶酒酒精浓度一般不超过30°，略酸辣，香味醇浓，不仅是牧民夏季解暑消渴的饮料，还有驱寒、舒筋、活血、补肾、消食健胃等食疗作用，体弱多病之人常将其作为补品饮用。

参考文献

[1] Jirimutu, Z Wang, G Ding, *et al*. Genome sequences of wild and domestic bactrian camels. Nature Communications, 2012, 3: 1-8.

[2] R Ji, P Cui, F Ding, *et al*. Monophyletic origin of domestic bactrian camel (camelus bactrianus) and evolutionary relationship with the extant wild camel (camelus bactrianus ferus). Animal Genetics, 2009, 40(4): 377-382.

[3] C Peng, R Ji, F Ding, *et al*. A complete mitochondrial genome sequence of the wild two-humped camel (camelus bactrianus ferus): an evolutionary history of camelidae. BMC Genomics, 2007, 8(1): 241.

[4] Jirimutu, JC Li, MS Alam, *et al*. Fatty acid and protein profiles and mineral contents of wild bactrian camel (camelus bactrianus ferus) in Mongolia. Milchwissenschaft, 2010, 65(1): 21-25.

[5] H Zhang, J Yao, D Zhao, *et al*. Changes in chemical composition of Alxa Bactrian camel milk during lactation. Journal of Dairy Science, 2005, 88(10): 3402-3410.

[6] US Dubey, M Lal, A Mittal, *et al*. Therapeutic potential of camel milk. Emirates Journal of Food and Agriculture, 2016, 28(3): 164-176.

[7] Yagil, Reuven. From its blood to its hump, the camel adapts to the desert. Natural History, 1993, 102(8): 30.

[8] H A Ulmasov, K K Karaev, V N Lyashko, *et al*. Heat-shock response in camel (Camelus dromedarius) blood cells and adaptation to hyperthermia. Comparative Biochemistry and Physiology. Part B, 1993, 106(4): 867-872.

[9] M S Sahani, M Rathinasabapathy, G Gorakhmal, *et al*. Milking technique and other factors affecting milk production potential in different breeds of camels under farm

conditions. Indian Journal of Animalences, 1998, 68(3): 254-256.

[10] A K Sankhla, M P Gupta, A Sankhla, *et al*. Effect of season on the composmon and physico chemical characteristics of camel milk. Journal of Dairying Foods and Home Sciences, 2003, 22(3-4): 220-223.

[11] Imène Felfoul, Eric Beaucher, Chantal Cauty, *et al*. Deposit generation during camel and cow milk heating: microstructure and chemical composition. Food and Bioprocess Technology, 2016, 9(8): 1268-1275.

[12] O Saitmuratova, F Yakubova, N Sagdiev. Chemical composition and biological activity of Ver-Mol-2 camel milk Chemistry of Natural Compounds, 2015, 51(4): 810-812.

[13] WIA Babiker, I E M El-Zubeir, B Faye. Impact of husbandry, stages of lactation and parity number on milk yield and chemical composition of dromedary camel milk. Emirates Journal of Food and Agriculture, 2014, 26(4): 333-341.

[14] M S Haddadin, S I Gammoh, R K Robinson. Seasonal variations in the chemical composition of camel milk in Jordan. Journal of Dairy Research, 2008, 75(1): 8-12.

[15] W N Sawaya, J K Khalil, A Al-Shalhat, *et al*. Chemical composition and nutritional quality of camel milk. Journal of Food Science, 1984, 49(3): 744-747.

[16] H Zhang, J Yao, D Zhao. Changes in chemical composition of Alxa bactrian camel milk during lactation. Journal of Dairy Science, 2005, 88(10): 3402-3410.

[17] A A H Ahmed, R G Sayed, M Sayed, *et al*. Nutritional value and sanitary evaluation of raw Camel's milk. Emirates Journal of Food and Agriculture, 2013, 26(4): 317-326.

[18] M Gassem, M Osman, I A Rahman, *et al*. Chemical composition and microbial quality of sudanese camel milk. Journal of Camel Practice and Research, 2014,

21(2): 243-247.

[19] S I Al-Sultan, A M Mohammed. The effects of the number of lactations on the chemical composition of camel milk. Journal of Camel Practice and Research, 2007, 14(1): 61-63.

[20] G Mal. Chemical composition and vitamin C content of milk in Indian camels managed under farm conditions. Indian Veterinary Journal, 2000, 77(8): 695-696.

[21] M Adugna, A Asresie. Physicochemical and microbiological quality of one humped camel (Camelus dromedarius) milk: A Review. Journal of Biology, Agriculture and Healthcare, 2014, 4(23): 119-124.

[22] H E Hattem, A N Manal, S S Hanna, *et al*. A study on the effect of thermal treatment on composition and some properties of camel milk. Journal of Brewing and Distilling, 2011, 2(4): 50-54.

[23] G M Meiloud, I N O Bouraya, A Samb, *et al*. Composition of Mauritanian camel milk: results of first study. International Journal of Agriculture and Biology, 2011, 13(1): 360-367.

[24] Z A Ghada, Soliman, Z A Ghada, *et al*. Comparison of chemical and mineral content of milk from human, cow, buffalo, camel and goat In Egypt. Egyptian Journal of Hospital Medicine, 2005, 21: 116-130.

[25] V K Orlov, S C Gk. Physico-chemical characteristics of fat and fatty acid composition of lipids from camel milk. Voprosy Pitaniia, 1981 (5): 67-69.

[26] Z Farah. Composition and characteristics of camel milk. Journal of Dairy Research, 1993, 60(4): 603-626.

[27] S Rafiq, N Huma, I Pasha, *et al*. Chemical composition, nitrogen fractions and amino acids profile of milk from different animal species. Asian Australasian

Journal of Animal Sciences, 2015, 29(7): 1022-1028.

[28] M H Aludatt, K Ereifej, A M Alothman, *et al*. Variations of physical and chemical properties and mineral and vitamin composition of camel milk from eight locations in Jordan. Journal of Food Agriculture and Environment, 2010, 8(3): 16-20.

[29] C C Hamers, T Atarhouch, S Muyldermans, *et al*. Naturally occurring antibodies devoid of light chains. Nature, 1993, 363(6428): 446-448.

[30] D Saerens, G H Ghassabeh, S Muyldermans. Single-domain antibodies as building blocks for novel therapeutics. Current Opinion in Pharmacology, 2008, 8(5): 600-608.

[31] S Muyldermans, T Atarhouch, J Saldhana, *et al*. Sequence and structure of VH domain from naturally occurring camel heavy chain immunoglobulins lacking light chains. Protein Engineering, 1994, 7(9): 1129-1135.

[32] L O T Gainkam, M Keyaerts, V Caveliers, *et al*. Correlation between epidermal growth factor receptor-specific nanobody uptake and tumor burden: a tool for noninvasive monitoring of tumor response to therapy. Molecular Imaging & Biology, 2011,13(5): 940-948.

[33] B V D Broek, N Devoogdt, A D'Hollander, *et al*. Specific cell targeting with nanobody conjugated branched gold nanoparticles for photothermal therapy. ACS Nano, 2011, 5(6): 4319-4328.

[34] N Kataria, J S Bhatia. Activity of some enzymes in the serum of dromedary camels. Research in Veterinary Science, 1991, 51(2): 174-176.

[35] W W Zhu, G Q Kong, M M Ma, *et al*. Short communication: Camel milk ameliorates inflammatory responses and oxidative stress and downregulates mitogen-activated protein kinase signaling pathways in lipopolysaccharide-induced

acute respiratory distress syndrome in rats. Journal of Dairy Science, 2015, 99(1): 53-56.

[36] S Zibaee, S M Hosseini, M Yousefi, *et al*. Nutritional and therapeutic characteristics of camel milk in children: a systematic review. Electronic Physician, 2015, 7(7): 1523-1528.

[37] R P Agrawal, S Jain, S Shah, *et al*. Effect of camel milk on glycemic control and insulin requirement in patients with type 1 diabetes: 2-years randomized controlled trial. European Journal of Clinical Nutrition, 2011, 65(9): 1048-1052.

[38] R P Agrawal, R Dogra, N Mohta, *et al*. Beneficial effect of camel milk in diabetic nephropathy. Acta bio-medica: Atenei Parmensis, 2009, 80(2): 131-134.

[39] H H Arab, S A Salama, A H Eid, *et al*. Camel's milk ameliorates TNBS-induced colitis in rats via downregulation of inflammatory cytokines and oxidative stress. Food and Chemical Toxicology, 2014, 69: 294-302.

[40] Badkook, M Maha. Fermented camel milk reduces inflammation in rats fed a high-Fat diet. International Journal of Health Sciences and Research, 2013, 3(7): 7-17.

[41] A A Korish, A M A Gader, H M Korashy, *et al*. Camel milk attenuates the biochemical and morphological features of diabetic nephropathy: inhibition of Smad1 and Collagen Type IV Synthesis. Chemico-Biological Interactions, 2015, 229: 100-108.

[42] C Govindasamy, K S Alnumair, M Alsaif. Effect of camel milk on plasma glucose concentration and lipid profile in streptozotocin-induced diabetic rats: Camel milk may better therapeutic potential for obese diabetic patients. Obesity Research and Clinical Practice, 2014, 8: 38-39.

[43] A Sboui, T Khorchani, M Djegham, *et al*. Anti-diabetic effect of camel milk in

alloxan-induced diabetic dogs: a dose-response experiment. Journal of Animal Physiology and Animal Nutrition, 2010, 94(4): 540-546.

[44] S Budania, P Sharma, R Gupta. Zero prevalence of diabetes in camel milk consuming Raica community of north-west Rajasthan, India. Diabetes Research and Clinical Practice, 2007, 76(2): 290-296.

[45] S M Hosseini, M Yousefi, S Zibaee, *et al*. A brief review on protective effect of camel milk in cancer. Journal of Cellular Immunotherapy, 2015, 1(1): 7-8.

[46] H M Habib, W H Ibrahim, R Schneider-Stock, *et al*. Camel milk lactoferrin reduces the proliferation of colorectal cancer cells and exerts antioxidant and DNA damage inhibitory activities. Food Chemistry, 2013, 141(1): 148-152.

[47] A K Yadav, R Kumar, L Priyadarshini, *et al*. Composition and medicinal properties of camel milk: a review. Journal of Dairying Foods and Home Sciences, 2015, 34(2): 83-91.

[48] X Zou, J Huang, Q Jin, *et al*. Lipid composition analysis of milk fats from different mammalian species: Potential for Use as Human Milk Fat Substitutes. Journal of Agricultural and Food Chemistry, 2013, 61(29): 7070-7080.

[49] S Kaskous. Importance of camel milk for human health. Emirates Journal of Food and Agriculture, 2016, 28(3): 158-163.

[50] H A Darwish, N R A Raboh, A Mahdy. Camel's milk alleviates alcohol-induced liver injury in rats. Food and Chemical Toxicology An International, 2012, 50(5): 1377-1383.

[51] Y Shabo, R Barzel, M Margoulis, *et al*. Camel milk for food allergies in children. Israel Medical Association Journal Imaj, 2006, 7(12): 796-798.

[52] T Mihic, D Rainkie, K J Wilby, *et al*. The therapeutic effects of camel milk: a

systematic review of animal and human trials. J Evid Based Complementary Altern Med, 2016.

[53] L Y Al-Ayadhi, D M Halepoto, A M Al-Dress, *et al*. Behavioral benefits of camel milk in subjects with autism spectrum disorder. J Coll Physicians Surg Pak, 2015, 25(11): 819-823.

[54] A Brezovečki, M Cagalj, Z F Dermit. Camel milk and milk products. Mljekarstvo, 2015, 65(2): 81-90.

[55] A S M Ahmed, I E M E Zubeir. Processing properties and chemical composition of low fat ice cream made from camel milk using natural additives. International Journal of Dairy Science, 2015, 10(6): 297-305.

[56] A E Mohamed, I A Babiker, T E Mohamed. Preparation of fresh soft cheese from dromedary camel milk using acid and heat method. Research Opinions in Animal and Veterinary Sciences, 2013, 3(9): 289-292.

[57] S Inayat, M A Arain, M Khaskheli, *et al*. Study of the effect of processing on the chemical quality of soft unripened cheese made from camel milk. Pakistan Journal of Nutrition, 2003, 2(2): 102-105.

[58] S Inayat, M A Arain, M Khaskheli, *et al*. Study on the production and quality improvement of soft unripened cheese made from buffalo milk as compared with camel milk. Italian Journal of Animal Science, 2010, 6(2s): 1115-1119.

[59] A M E H Sulieman. Comparison of physicochemical properties of spray-dried camel's milk and cow's milk powder. International Journal of Food Science and Nutrition Engineering, 2014, 4(1): 15-19.

[60] U Wernery, D Wernery, B Johnson, *et al*. Organoleptic, Biochemical and microbiological investigations into the shelf life of camel milk powder preliminary

results. Journal of Camel Practice and Research, 2012, 19(1): 7-12.

[61] I B Hashim, A H Khalil. Yogurt development from camel milk. Journal of Dairy Science, 2004, 87: 386-387.

[62] N S Al-Zoreky, M M Al-Otaibi. Suitability of camel milk for making yogurt. Food Science and Biotechnology, 2015, 24(2): 601-606.

[63] I H Abulehia, I S Almohizea, M Elbehry. Studies on the production of ice cream from camel milk products. Australian Journal of Dairy Technology, 1989, 44(1): 31-34.

[64] V Soni, M Goyal. Potential of using camel milk for ice cream making. Journal of Camel Practice and Research, 2013, 20(2): 271-275.

[65] G Konuspayeva, B Camier, F Gaucheron, *et al*. Some parameters to process camel milk into cheese. Emirates Journal of Food and Agriculture, 2013, 26(4):354-358.

[66] A M Mohamed. Fresh soft white cheese (domiati-type) from camel milk: composition, yield, and sensory evaluation. Journal of Dairy Science, 1993, 76(10): 2845-2855.

[67] 吉日木图. 双峰家驼与野驼分子进化及骆驼乳理化特性研究. 内蒙古农业大学博士论文，2006.

[68] 高宏巍，王晶，何俊霞，等. 利用微卫星标记分析双峰驼进化和遗传多样性. 上海交通大学学报（农业科学版）, 2009, 27(2): 89-95.

[69] 吉日木图，张和平，苏雅拉玛. 蒙古国戈壁红双峰骆驼乳化学组成及其动态变化. 食品科学，2007, 28(8): 399-403.

[70] 赵电波，白艳红，吉日木图，等. 不同泌乳时间阿拉善双峰驼骆驼乳中氨基酸的含量变化. 乳液科学与技术，2007, 122: 15-17.

[71] 吉日木图，张和平，赵电波. 内蒙古阿拉善双峰驼骆驼乳 IgG 的分离纯化及其

热稳定性研究. 食品科学, 2006, 27(10): 188-192.

[72] 范洪波, 哈斯苏荣, 吉日木图. 双峰驼初乳 IgG 的分离纯化及其向幼驼的转移. 中国兽医科学, 2006, 36(3): 220-224.

[73] 吉日木图, 张和平, 赵电波. 不同泌乳时间内内蒙古阿拉善双峰驼骆驼乳化学组成变化分析. 食品科学, 2005, 26(9): 173-179.

[74] 明亮, 郑志强, 郭春燕, 等. 准格尔驼泌乳期内乳营养成分动态变化研究. 中国食品学报, 2015, 15(6): 240-245.

[75] 明亮, 郑志强, 特目龙, 等. 准噶尔双峰骆驼乳中氨基酸含量的季节变化特点及营养价值研究. 食品科技, 2013, 38(11): 57-61.

[76] 伊丽, 特木伦, 郑志强, 等. 准格尔双峰驼骆驼乳脂肪酸组成的季节变化. 中国乳品工业, 2014, 42(3): 18-21.

[77] 赵电波, 白艳红, 吉日木图, 等. 阿拉善双峰驼骆驼乳蛋白中氨基酸的含量及营养价值. 农产品加工, 2006, 12(85): 26-28.

[78] 赵电波, 吉日木图, 刘红霞, 等. 内蒙古阿拉善盟双峰驼骆驼乳理化性质研究. 乳业科学与技术, 2005, 27(03): 112-117.

[79] 范洪波, 哈斯苏荣, 吉日木图. 骆驼乳及其抗微生物因子的特性. 畜牧与饲料科学, 2006, 27(1): 37-40.

[80] 何俊霞, 哈斯苏荣, 那仁巴图, 等. 骆驼乳医疗保健作用的研究进展. 食品科学, 2009, 30(23): 504-507.

[81] 郭建功, 王初一, 哈斯苏荣, 等. 双峰驼自然发酵乳对小鼠腹水型肝癌细胞 H_(22) 的影响. 中国奶牛, 2009, 1: 9-11.

[82] 王初一, 郭建功, 哈斯苏荣, 等. 苏尼特双峰驼鲜骆驼乳对荷瘤小鼠免疫功能的影响及其抗肿瘤作用. 食品科学, 2009, 30(03): 270-273.

[83] 王晶, 那仁巴图, 哈斯苏荣, 等. 骆驼乳对肾病人尿液成分的影响. 食品科学,

2009, 30(19): 304-306.

[84] 潘蕾，王晶，王娟，等．骆驼乳对慢性肾功能衰竭大鼠的影响．食品科学，2010, 31(17): 376-380.

[85] 李建美，潘蕾，张敏，等．益生菌发酵骆驼乳对慢性肾功能衰竭的治疗作用．乳业科学与技术，2011, 34(4): 174-179.

[86] 何俊霞，刘微，张敏，等．骆驼乳对小鼠抗疲劳作用的研究．中国食品学报，2011, 11(5): 19-23.

[87] 刘微，张敏，郭春燕，等．骆驼纳米抗体在医疗领域研究进展．动物医学进展，2013, 34(3): 101-105.

[88] 王娟，何俊霞，潘蕾．骆驼乳和牛乳混合干酪的研制．乳业科学与技术，2010, 33(05): 205-211.

[89] 何俊霞，王娟，王朝霞，等．骆驼乳干酪的工艺优化及成熟期间的理化特性．中国乳品工业，2012, 40(1): 4-10.